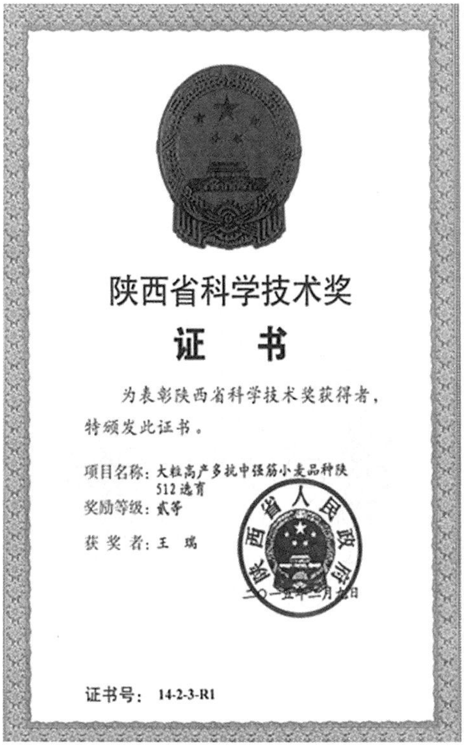

陕西省科学技术奖

证　书

为表彰陕西省科学技术奖获得者，特颁发此证书。

项目名称：大粒高产多抗中强筋小麦品种陕512选育

奖励等级：贰等

获 奖 者：王 瑞

陕西省人民政府

证书号：14-2-3-R1

陕西省科学技术奖

证　书

为表彰陕西省科学技术奖获得者，特颁发此证书。

项目名称：基于太谷核不育背景的陕167等小麦品种的选育及应用

奖励等级：叁等

获 奖 者：王瑞

陕西省人民政府

2017年2月4日

证书号：2016-3-002-R1

获奖情况

硕士毕业

在巴黎

在墨西哥大学

1994 年在 CIMMYT 与 R. J. Pena 研读蛋白质图谱

1998 年在德国慕尼黑技术大学田间调查

工作照

省校领导检查指导工作

参加陕西省小麦育种协作攻关会 (2007)

陕 512

陕 512

★ 农业部“九五”高新技术攻关项目
★ 陕西省科技（小麦育种）攻关项目
★ 陕西省小麦区试连续三年产量名列前茅
★ 利用优质轮选集团为背景杂交选育
★ 2004年陕西省重点推荐小麦新品种
中国驰名商标
陕512
小麦育种专家
博士、研究员
穗大粒大 高产稳产
600公斤不稀罕
穗大粒大：穗长15厘米左右，穗大方匀，千粒重54克。
高产稳产：2001年试验中，亩产达1194.6斤；2002年陕西省小麦预试7点，全部增产，平均比小偃22亩增产近120斤；2003年区试产量名列第一；2004年在生产上有许多农户亩产超过了1300斤，深受群众欢迎。
综合抗性强：耐旱、抗倒、抗干热风，籽粒饱满，黄亮，综合抗逆性强。
专家推荐 农户首选：该品种将很快在我省关中川塬灌区和旱肥地大面积推广应用，必将成为关中麦区主推品种之一。
西北农林科技大学小麦研究所选育
陕西秦丰优质小麦开发有限公司独家经营

西农943

中早熟 大粒高产 优质多抗小麦新品种
陕西省小麦首家保护品种
陕512
品种权公告号：CNA01799E
精品
西农大又一突破新品种
西北农林科技大学
净含量：15kg
西北农林科技大学农学院选育
西北农林科技大学农业科技发展公司

主持育成品种表现（一）

主持育成品种表现（二）

陕审麦 No:2004004

证书

小麦 新品种 陕512 (原代号

组合陕麦150太谷核不育系×陕354由 西北农林科技大学

育成(引进)， 经 2004年 9 月24日陕西省第35次农作

物品种审定会议审定通过，准予在适宜地区推广

2005年元月5日

主要农作物品种审定证书

审定编号：陕审麦 20210013 号

品种名称：西农 943

品种来源：小偃 926A/小偃 22

申 请 者：西北农林科技大学农学院

育 种 者：西北农林科技大学农学院

审定意见：经陕西省农作物品种审定委员会第五十五次会议审定通过，适宜陕西省关中灌区种植。

公 告 号：陕农办发〔2021〕82 号

证书编号：2021-85-0012

[illegible]

主持育成品种审定证书

参加品种推广宣传及会议交流

小麦蛋白遗传与太谷核不育育种

王瑞　编著

西北农林科技大学出版社

图书在版编目（CIP）数据

小麦蛋白质遗传与太谷核不育育种 / 王瑞编著. --
杨凌：西北农林科技大学出版社, 2021.10
ISBN 978-7-5683-1027-7

Ⅰ. ①小… Ⅱ. ①王… Ⅲ. ①小麦－遗传育种－研究
Ⅳ. ①S512.103.2

中国版本图书馆CIP数据核字(2021)第212999号

小麦蛋白质遗传与太谷核不育育种
王瑞　编著

出版发行　西北农林科技大学出版社
地　　址　陕西杨凌杨武路3号　　**邮　编**：712100
电　　话　总编室：029-87093195　　发行部：029-87093302
电子邮箱　press0809@163.com
印　　刷　西安日报社印务中心
版　　次　2021年10月第1版
印　　次　2021年10月第1次印刷
开　　本　787 mm × 1092 mm　1/16
印　　张　10.25　插页：4
字　　数　184千字

ISBN 978-7-5683-1027-7

定价：48.00元

本书如有印装质量问题，请与本社联系

前言
PREFACE

小麦生产能力的提升关系到国家的粮食安全及战略储备。目前，我国小麦品种全部国产自育，平均单产全球领先。随着单产水平的提高，增产幅度越来越小，提升难度也越来越大，品质稳定性不强等问题愈发突出。小麦育种大致经历了抗病育种、植株矮化和品质改良三个典型阶段。1980 年起，我国对太谷核不育小麦组织了全国协作研究，2017 年完成了其显性细胞核雄性不育基因 *Ms2* 的克隆和功能解析，并逐渐形成了有效的轮回选择育种体系，目前已成为一种重要的育种方法。20 世纪 80 年代以来，我国也加快了小麦品质改良。展望未来，我们小麦人肩负着要不断提高小麦种业创新水平的使命，要进一步挖掘、创造和开发种质资源，增强原始创新能力，加快培育推广一批突破性小麦新品种，进一步夯实粮食安全的基础。

我 1988 年硕士毕业后跟随前辈宁锟研究员从事小麦育种研究，宁老师团队浓厚的科研氛围使我从专业素养、实践经验和科研能力方面得到了全面提升，宁老师的敬业、奋斗精神深深地影响着我。后来有幸出国深造得到国际玉米小麦改良中心（CIMMYT）加工品质实验室主任 R. J. Peňa 博士和德国慕尼黑技术大学植物育种研究所 F. J. Zeller 教授悉心指导，使我对小麦品质改良研究有了较深的理解，更加注重小麦蛋白质遗传研究和优质、多抗、高产基因的挖掘利用，尤其在上级有关科研专项支持下，确立了利用太谷核不育资源显性雄性半不育特点轮回选择育种为主要育种技术，经过多年实践，育成了集优质、多抗、高产为一体的品种，得到了大面积推广应用并且得到了政府奖励。

《小麦蛋白遗传与太谷核不育育种》一书为我从事小麦蛋白基因组成及其和品质的关系，小麦产量、品质、多抗性遗传相关研究，以及基于太谷核不育背景的小麦优质高产多抗育种理论与实践研究 32 年的论文集。其内容有三部分，

第一部分为小麦蛋白基因组成及其和品质的关系研究，阐述了小麦蛋白质的组成、分离与鉴定方法，尤其是低分子量谷蛋白（*Glu-3*）和醇溶蛋白（*Gli*）电泳分离技术方法及蛋白质基因组成辨读方法，研究了蛋白质遗传基因组成及其与品质的关系，分析了我国骨干优质品种 *Glu-1*，*Glu-3* 和醇溶蛋白基因位点的基因组成；第二部分为小麦产量、品质、多抗性遗传与相关研究，研究了小麦高产性状、抗倒性、抗病性、品质的遗传特点及其之间的相关关系；第三部分内容为基于小麦太谷核不育背景的小麦优质高产多抗育种理论与实践研究，总结了我在太谷核不育小麦利用过程中对高产多抗优质品种选育技术与方法的体会和经验。本书可作为从事小麦遗传育种、食品加工的科研院所、种企工程技术人员、高校师生的参考资料。

特别感谢在长期的科研工作中，多方面给予指点支持的王光瑞研究员、赵昌平研究员，提供种质资源和技术协助的孔令让教授，长期给予鼓励支持的张永科研究员。同时感谢项目团队成员多年来的集体付出和团结协作。由于作者水平有限，书中不妥之处，敬请批评指正。

王瑞

2021 年 5 月

CONTENTS|目 录

一、小麦蛋白基因组成及其和品质的关系研究

面包、面条、馒头质量与小麦面粉主要品质参数的相关分析 / 3

小麦胚乳贮藏蛋白的组成、遗传特点及其与面包品质的关系 / 8

一些优质小麦及其杂种后代高分子量谷蛋白亚基组成与面包品质之关系 / 14

小麦低分子量谷蛋白（*Glu-3*）亚基及高分子量醇溶蛋白（*Gli-1*）的分离图谱辨读方法 / 23

小麦资源胚乳蛋白 *Glu-1*、*Glu-3*、*Gli-1* 基因位点变异特点 / 31

18 个优质小麦品种（系）*Glu-1*、*Glu-3* 和 *Gli-1* 位点的基因变异特点 / 42

小麦不同阶段产品品质性状的变异性与品种及种植环境的关系 / 51

烘烤品质与面团形成和稳定时间相关分析 / 61

二、小麦产量、品质、多抗性遗传与相关研究

普通小麦穗部性状的配合力与遗传模型分析 / 75

普通小麦穗部性状的遗传与相关分析 / 82

超大穗小麦 84 加 79-3-1 穗部性状的基因效应分析 / 89

普通小麦多小穗与高分子量谷蛋白亚基组成关系分析 / 94

一些小麦 1B/1R 易位系品质基因多样性分析 / 101

一些小麦白粉病抗源抗性基因鉴定分析 / 109

小麦抗倒性的影响因子和产量因子的遗传与相关研究 / 117

三、基于太谷核不育背景的小麦优质高产多抗育种理论与实践

小麦杂交育种早代群体处理策略的探讨 / 131
高产多抗中强筋小麦陕 512 的选育研究（Ⅰ） / 136
高产多抗中强筋小麦陕 512 的选育研究（Ⅱ） / 143

一

小麦蛋白基因组成及其和品质的关系研究

面包、面条、馒头质量与小麦面粉主要品质参数的相关分析

王瑞
（陕西省农科院粮作所，杨陵 712100）

赵昌平
（北京市农林科学院，北京 100081）

摘要：本文采用小麦面粉配方形成五个强度水平、三个弹性和延伸性水平的15个混合样品，分析了面包、面条、馒头制作品质与面粉主要品质参数的关系。结果表明：面包与面条对面粉质量要求相似，面包要求 *w* 值在300左右的中高强度面粉。面包与沉淀值的相关程度高于与和面时间和 *w* 值的相关程度，延伸性比弹性对面包体积贡献大；面条要求 *w* 值在200以上，否则质量很差；面条与 *w* 值、和面时间等反映面团流变学特性参数相关程度高于与沉淀值的相关程度，延伸性好的面粉更有利于加工优质面条；馒头要求中等强度、适度弹性和适度延伸性（平衡型）面粉，强度太高或太低皆不利于加工高质量馒头。

关键词：面包；面条；馒头；品质参数

有关面包对面粉品质参数的要求研究很多，一般认为面包要求蛋白质含量中上，沉淀值高，面团强度大，弹性、延伸性好，吸水量大等；面条要求蛋白质含量中等（10.0% ~ 11.5%）、面团强度大、黏弹性好等；馒头要求吸水量、蛋白质含量高，面团强度大等。本文采用面粉配方形成不同强度、不同弹性与延伸性混合样品，比较研究了面包、面条与馒头对面粉要求的异同，为品种利用和食品加工提供科学指导。

1. 材料与方法

面粉配方形成五个强度、三个弹性和延伸性水平共15个混合样品，主要测定沉淀值、和面仪曲线（mixagram）与面团吹泡张力曲线图（Alveogram）；

实验室制作面包、面条和馒头并进行质量评估。品质分析均按CIMMYT（国际玉米小麦改良中心）品质实验室标准程度进行。面包制作过程：和面2～4 min $\xrightarrow{\text{揉混}}$ 发酵20 min $\xrightarrow{\text{揉混}}$ 发酵45 min $\xrightarrow{\text{揉混}}$ 发酵25 min $\xrightarrow{\text{成型入盒}}$ 醒发55 min → 烘烤25 min。面条制作过程：和面5 min $\xrightarrow{\text{揉混}}$ 醒面30 min $\xrightarrow{\text{揉混}}$ 擀面切条 → 煮5 min。馒头制作过程：和面5 min → 发酵40 min $\xrightarrow{\text{揉混}}$ 醒面20 min → 蒸25 min。发酵与醒面在32℃发酵箱中进行。醒面于室温（27℃左右）下进行，加水量根据蛋白质含量与和面曲线中的吸水率适当调节，约60%。

面包质量以面包体积表示；面条与馒头质量采用评估综合打分。面条评分：平滑度5分，表皮色泽5分，白度5分，弯曲度5分，断条率5分，清汤度5分，耐嚼度5分，黏性5分，保鲜度5分，口感5分，总分50分；馒头评分：比容20分，体积15分，表皮5分，形状5分，色泽5分，弹柔性10分，包心结构20分，口感20分，总分100分。

2. 结果与分析

2.1 面粉制品的质量与其主要品质参数的相关性分析

主要品质参数与面粉最终产品质量的相关分析（表1）表明：面包体积与沉淀值、和面时间与 *w* 值均在不同水平上相关显著，其中 *w* 值 > 和面时间 > 沉淀值。面条质量与沉淀值、和面时间与 *w* 值也均在不同程度上相关显著，其中 *w* 值 > 和面时间 > 沉淀值；馒头质量与面粉这三个主要品质参数的相关系数均未达到显著水平。

表1　面包、面条、馒头质量与主要品质参数的相关系数

	和面时间	沉淀值	*w* 值	面包体积	面条评分	馒头评分
和面时间	1	0.499°	0.906^{***}	0.647^{**}	0.765^{**}	–0.257
沉淀值		1	0.314	0.860^{***}	0.513°	0.0125
w 值			1	0.491°	0.786^{**}	–0.024
面包体积				1	0.622^{*}	0.023
面条评分					1	–0.115
馒头评分						1

$^{\circ}$，*，**，*** 分别表示 p 等于0.1，0.05，0.01，0.001显著水平。

沉淀值、和面时间与 *w* 值三者之间的相关关系如下：和面时间与 *w* 值在0.1%水平上呈显著正相关，而沉淀值与和面时间在10%水平相关显著，沉淀值与 *w*

值相关不显著，和面时间与 *w* 值反映面团的强度和流变学特性或蛋白质质量，沉淀值同时反映蛋白质数量和质量。

面包体积与面条评分在 1% 水平上呈极显著正相关；面包、面条质量与馒头质量无显著相关关系。

综上所述，可以得出，面包同时要求较高的蛋白质数量与质量，与沉淀值的相关程度高于和面时间和 *w* 值的相关程度；面条偏重对面团流变学特性的要求，跟 *w* 值与和面时间的相关程度高于与沉淀值的相关程度，此二者质量与面团强度关系密切；馒头对面粉质量无严格要求，与沉淀值、和面时间与 *w* 值无显著相关关系。

2.2 不同强度面粉的质量表现

五个强度水平的面粉制作的面包、面条和馒头的质量表现见表 2。可以看出，随着沉淀值、和面时间和 *w* 值的提高，面包体积增大，尤其是 *w* 值在 250 ～ 300 之间，面包体积上升较快；*w* 值在 300 ～ 400 之间，面包体积虽也继续增加，但上升较慢；如果 *w* 值在 200 以下，烤出的面包体积小，质量差。因此，制作面包的面粉 *w* 值在 300 左右，才会烤出优质面包。

表 2　不同强度面粉制作的面包、面条与馒头质量表现

项目	强	中强	中	中弱	弱
w 值	386.5	299.1	265.5	126.85	132.30
和面时间（分）	3.67	2.60	2.40	1.50	1.60
沉淀值（mL）	16.73	14.90	13.90	14.97	12.17
面包体积（mL）	906.7	881.7	801.7	749.9	703.3
面条评分	42.67	42.00	40.20	31.00	22.00
馒头评分	64.40	70.70	79.70	68.30	—

面条质量也随着 *w* 值、和面时间和沉淀值增加而提高。在中筋—强筋（*w* 值在 200 ～ 400 之间）范围内，随面团强度增加，面条质量提高，但不像对面包影响那么大；如果 *w* 值在 200 以下，面条质量迅速下降。因此，制作面条的面粉，*w* 值要在 200 以上即中等强度以上，否则面条质量很差。

馒头对面粉品质要求不同，中等强度面粉最适合做馒头，面团强度太高或太低，皆不利于制作高质量馒头。

2.3 不同弹性和延伸性面粉的质量表现

小麦胚乳贮藏蛋白中的谷蛋白给予面团弹性，醇溶蛋白给予面团延伸性。弹性和延伸性形成面团的强度和流变学特点。吹泡示功仪曲线的高度（P）反映面团吹泡过程中的抗延伸阻力或弹性，长度（G）反映面团吹泡过程中可延伸的程度或延伸性，不同弹性和延伸性面团制作的面包、面条、馒头的质量表现如表 3 所示。

表 3　不同弹性和延伸性面粉的质量表现

项目	高弹性	平衡型	高延伸性
P	106.88	98.15	64.12
G	18.58	19.95	25.02
和面时间（分）	2.40	2.46	2.24
沉淀值（mL）	12.78	14.88	15.94
w 值	298.08	223.4	224.20
面包体积（mL）	742.3	829.4	854.4
面条评分	49.20	51.40	57.75
馒头评分	65.90	75.25	79.63

可以看出，随着弹性减弱，延伸性增强，面包体积增大，面条质量提高，即面团延伸性与面包、面条质量更密切；馒头以平衡类型的面团即适度弹性和适度延伸性质量最佳。

此外，从表 3 可以看出，沉淀值与面团延伸性关系更密切一些；而和面时间与 w 值的相关性以平衡型略偏大于高弹性类型。

以弹性、延伸性为自变数，以面粉最终产品质量为依变数进行多元回归分析，结果表明，与面包体积的多元回归方程为 y_1=3.538+1.496 P+31.29 G，回归系数 b_1=1.496 与 b_2 =31.29 分别达 10% 与 1% 显著水平，也表明延伸性比弹性对面包体积贡献更大一些；与面条质量的多元回归方程为 y_2= −0.271+0.146 P+1.098 G，b_1=0.146 与 b_2=1.098 分别达 10% 与 5% 显著水平，即延伸性比弹性对面条质量的贡献更大；与馒头质量的多元回归方程为 y_3=0.465+0.177 P+2.340 G，两个回归系数均未达到显著水平，可见此二者与馒头质量关系不密切。

3. 结论

面包、面条对面粉品质要求相似，面包要求 *w* 值在300以上的中高强度面粉，面包体积与沉淀值的相关程度高于与和面时间和 *w* 值的相关程度，延伸性比弹性对面包体积的贡献更大；面条要求面粉 *w* 值在200以上，否则质量很差，面条质量与 *w* 值及和面时间的相关程度高于与沉淀值的相关程度，延伸性好的面粉更有利于加工优质面条；馒头要求中等强度、适度弹性和适度延伸性的面团，即平衡型面团，面粉强度太强或太弱皆不利于加工高质量馒头。

（参考文献6篇略）

原载于《国外农学—麦类作物》1995（3）

小麦胚乳贮藏蛋白的组成、遗传特点及其与面包品质的关系

王瑞
（陕西省农业科学院粮作所，杨陵 712100）

摘要：本文概述了普通小麦胚乳贮藏蛋白的组成及其与面包品质的关系，着重从各类蛋白基因的染色体定位及遗传规律、单个亚基的生化特点及其对面包品质的效应、高分子量谷蛋白亚基的组成与面包品质的关系、我国品种高分子量谷蛋白亚基的组成特点等方面做了综述，以期促进品质研究结合品质育种尽快达到品质改良的目的。

关键词：普通小麦；胚乳贮藏蛋白；品质；综述

蛋白质含量在 10% ～ 14% 范围内与面包品质成正相关，其继续提高对面包体积贡献不大，面包体积的进一步增加要着眼于蛋白质质量的提高。Payne 等（1979，1983，1987，1989）的研究结果表明，品质变异的 30% ～ 79% 是由受遗传控制的高分子量谷蛋白亚基基因位点的变化引起的，并且可为育种所利用。我国此方面的研究起步较晚，现就有关小麦蛋白质的组成、各组分的遗传特点以及它们与面包品质的关系等方面的研究概况做以简述，以期促进小麦品质研究尽快付诸育种实践，加快我国小麦品质研究理论与实践的进程。

1. 小麦蛋白质组分及其作用

小麦籽粒主要由淀粉、脂肪与蛋白质组成，蛋白质部分基本决定着小麦品质。

1.1 小麦籽粒蛋白质

小麦籽粒蛋白质根据其在不同溶剂中的溶解性分为四类：溶于水的清蛋白、

溶于盐的球蛋白、溶于酒精溶液的醇溶蛋白和溶于稀酸或稀碱溶液的谷蛋白。各类蛋白质之间的比例主要受品种基因型决定，一般清蛋白与球蛋白约占总蛋白的 10%，主要存在于糊粉层、胚和种皮中，对蛋白质品质作用微小，但富含赖氨酸、色氨酸，营养价值高，部分清蛋白与球蛋白具有同工酶的作用，而同工酶（如蛋白酶、淀粉酶）对品质有影响。醇溶蛋白和谷蛋白各约占总蛋白的 40%［高分子量（HMW）谷蛋白约占总谷蛋白的 3/5，低分子量（LMW）谷蛋白约占总谷蛋白的 2/5］存在于胚乳中，又称贮藏蛋白或面筋蛋白，其含量与组成决定着蛋白质质量，在面团流变学特性等加工品质中起重要作用。一般认为醇溶蛋白给予面团延伸性，谷蛋白给予面团弹性，二者的比例决定着面团类型和加工产品的适宜性。

1.2 生化分离技术与贮藏蛋白组分的分离

20 世纪 60 年代，淀粉凝胶应用于小麦胚乳贮藏蛋白分离，并揭示出醇溶蛋白组成由品种基因型控制不受环境影响，这提示人们可用此鉴别品种。20 世纪 70 年代，由于聚丙烯酰胺凝胶电泳媒介在孔隙大小与筛选分子量方面更为有效而代替了淀粉凝胶，大量品种醇溶蛋白图谱被鉴定出来。等电点聚焦（JEF）根据不同 pH 梯度下等电点差异分离蛋白质。等电点聚焦结合 A-PAGE（酸性条件下凝胶电泳）揭示出面筋蛋白的多样性，使醇溶蛋白分离取得了一定进展。在氨基酸序列分析或超离心分析基础上研究高分子量谷蛋白亚基的组成。结果表明，原始的谷蛋白是由许多大小不同的多肽链（也叫亚基）结合在一起，形成低聚谷蛋白。双向电泳（IEF+PAGE，即等电点）聚焦结合 A-PAGE 与等电点聚焦结合 SDS-PAGE（SDS 存在下聚丙烯酰胺凝胶电泳）使得 HMW 醇溶蛋白与 LMW 谷蛋白亚基分离开来，并且也与非面筋蛋白分离开来。等电点不同的蛋白组分区别，简化了贮藏蛋白的遗传研究与控制蛋白质合成基因的染色体定位。

反相—高功能液体层析（RP-HPLC）及聚合酶链反应（PCR）20 世纪 90 年代应用于品质研究的最新手段。它们使得人们可以从质和量两方面去深入研究蛋白组分及其结构等特点。这些仪器自动化程度高，能够更加快速地分离不同特点的面筋蛋白组分，但造价也更昂贵。

1.3 贮藏蛋白的生化组成及其命名

小麦胚乳贮藏蛋白主要由醇溶蛋白与谷蛋白组成。醇溶蛋白由单肽链组成，存在着分子内二硫键；谷蛋白由多肽链组成，存在着分子间二硫键。随着生化分离技术的发展，大量醇溶蛋白图谱被发现，命名便成了问题，Woychi 等（1961）用“α–、β–、γ–、ω–”的标定被 Konarev 等（1979）引进阿拉伯数字进行了发展。在此基础上，建立了以基因染色体定位为基础的命名体系。普通小麦醇溶蛋白与 LMW 谷蛋白（二者分子量接近，谱带重叠，连在一起）成为 6 个蛋白区的组合，每个区连在一起遗传，不同小麦品种的鉴定和命名有了显著不同的区域，如中国春与 Bestostaya ID 区分别标定为 1D3 与 1D1，后者完整的醇溶蛋白组成为 $1A_1 1B_1 1D_1 6A_1 6B_1 6D_1$.

就像醇溶蛋白的命名一样，Payne 和 Lawrence（1983）依据基因的染色体定位对 HMW 谷蛋白亚基建立了命名体系。HMW 谷蛋白亚基的命名多采用数字系统，依其在 SDS–PAGE 中的迁移率依次编码，亚基 1 的迁移率最慢，分子量最大，以后新发现的谱带，如比亚基 2 快又比亚基 3 慢，便描述为 2^*。然后再将数字分配到编码 HMW 谷蛋白亚基的基因位点上，如染色体 1A 编码的亚基 1，2* 与 N，被分别分配到等位基因 *Glu-Ala*，*Glu -Alb*，及 *Glu-Alc* 上，写作 1（*Glu-Ala*），2*（*Glu-Alb*）和 N（*Glu-Alc*）。以此类推，由染色体 1B 编码的亚基被命名为：7（*Glu-Bla*），7+8（*Glu-Blb*），7+9（*Glu-Blc*），6+8（*Glu-Bld*），20（*Glu-Ble*），13+16（*Glu-Blf*），13+19（*Glu-Blg*），14+15（*Glu-Blh*），17+18（*Glu-Bli*），21（*Glu-Blj*），22（*Glu-Blk*）；由染色体 1D 编码的亚基被命名为：2+12（*Glu-Dla*），3+12（*Glu-Dlb*），4+12（*Glu-Dlc*），5+10（*Glu-Dld*），2+10（*Glu-Dle*），2.2+10（*Glu-Dlf*）。可以看出，1D 上的多数基因和 1B 上几个基因是复数的，他们包含着两个不同的亚基。

醇溶蛋白中，α–、β–、γ– 分子量约为 30 ～ 40 kD，在 A–PAGE 中迁移较快。ω– 醇溶蛋白的分子量约为 70 kD，迁移较慢，通常与 LMW 谷蛋白连在一起，难以分离。

谷蛋白是由许多不同分子量亚基通过分子间二硫键形成聚合体（分子量为 120×10^4 ～ $1\,000 \times 10^4$ kD）存在。其亚基又分为高分子量亚基（HMW，80 ～ 140 kD）和低分子量亚基（LMW，31 ～ 48 kD）。不同谷蛋白亚基组成，说明不同谷蛋白结构，不同谷蛋白结构具有不同的谷蛋白特点，进而形成不同的品质特性。大量的 SDS–PAGE 表明，一个品种具有 3 ～ 5 个 HMW 谷蛋白亚基与约 15 个 LMW 谷蛋白亚基。

2. 贮藏蛋白基因的染色体定位

控制所有 HMW 谷蛋白亚基的基因位于部分同源群 1A、1B 与 1D 的长臂上，表示为 *Glu-1*（Payne 等，1983）。每个染色体位点上的多个基因属复等位基因，而且每个位点有两个连锁的基因存在，分别编码较高分子量 x 型和较低分子量的 y 型亚基。每个品种具有 3 ～ 5 个亚基，1 个或 0 个由 1A 控制，1 个或 2 个由 1B 控制，2 个由 1D 控制，即小麦品种中，*Glu-A1* 位点不编码 y 型亚基，当 *Glu-A1* 不产生 x 型亚基时，不编码亚基的等位基因命名为 N 基因，一些 *Glu-B1* 也不编码 y 型亚基。*Glu-D1* 具有两个类型的亚基，*Glu-B1* 与 *Glu-D1* 的 N 基因非常罕见。

大量研究表明，不同小麦品种的 HMW 谷蛋白亚基组成图谱存在着很大变化，广泛的复等位基因存在于这些位点中。目前已有 25 个等位基因被鉴定出来。*Glu-A1* 位点上有 1、2* 与 N，*Glu-B1* 位点上有 7+8、17+18、7、6+8、20、21、14+15、13+16、7+9、6+8*、13+19、22、7*+8 与 7*；*Glu-D1* 位点上有 5+10、2+12、3+12、4+12、5、5+12、2+10、2、2+12 及 2+11，且农家种与小麦近缘属中有许多栽培种中已不存在的基因。

控制 LMW 谷蛋白亚基与 γ-、ω- 醇溶蛋白的基因位于 1A、1B 和 1D 的短臂上，表示为 *Gli-1*；控制 α-、β- 醇溶蛋白的基因位于 6A、6B 和 6D 的短臂上，表示为 *Gli-2*。

LMW 谷蛋白亚基，已发现 *Gli-A1* 位点上有 6 个等位基因，*Gli-B1* 位点上有 9 个等位基因，*Gli-D1* 位点上有 5 个等位基因。由于醇溶蛋白基因与 LMW 谷蛋白亚基基因在 *Gli-1* 位点连锁，二者分子量接近，电泳中难以分离，醇溶蛋白与 LMW 谷蛋白亚基等位基因所引起的作用难以区别，对研究二者与品质的关系带来了困难。

3. HMW 谷蛋白亚基组成与面包品质的关系及遗传特点

品质变异的 30% ～ 79% 归因于 HMW 谷蛋白等位基因的变化。其中，英国品种为 47%（Payne 等，1987），西班牙品种为 43%，德国品种为 30%（Rogers 等，1989），中国品种为 69%（G. Wang 等，1993）。小麦品种 HMW 谷蛋白亚基组成与面包品质存在广泛相关关系，对品质起着非常重要的作用。

3.1 HMW 谷蛋白单个亚基对面包品质的效应

关于 HMW 谷蛋白单个亚基等位基因对品质的效应，多数研究结果基本是一致的。一般认为，*Glu-A1* 位点，1 与 2^* 优于 N；*Glu-B1* 位点，7+8，17+18，13+16，14+15 优于其他亚基；*Glu-D1* 位点，5+10 优于 2+12，2+12 优于其他亚基。一般具有这些优质亚基尤其是亚基 5+10 的品种，通常具有较好的品质。Payne 总结这些研究结果，并假设 1A、1B 与 1D 上三个位点的基因效应是累加的，位点之间不存在互作，从而建立了 *Glu-1* 得分体系：5+10 得 4 分；1，2^*，7+8，17+18 得 3 分；7+9，2+12，3+12 得 2 分；N，7，6+8，4+12 得 1 分；*Glu-1* 总得分为 3 ～ 10，3 与 10 分别表示最差与最好的 HMW 谷蛋白亚基组成，其中 10 分为三个位点最优亚基组成。尽管这种得分体系未考虑位点间的互作效应，然而大量品种分析表明，*Glu-1* 品质得分与品质参数及面包体积之间存在显著的正相关。因此，对于大量品种的品质进行综合评价或对单个品种的品质进行评价时，*Glu-1* 品质得分都有一定参考价值。

不同位点对品质效应也不等同，*Glu-D1* 大于 *Glu-B1* 与 *Glu-A1*。

为什么不同 HMW 谷蛋白亚基对品质影响如此相去甚远？一是认为这是由亚基结构引起的不同亚基其中心连成的 β - 螺旋构型长度不同，贡献给面团的弹性不同，Tatham 与 Coworker 认为这是品质的区别所在。二是 Kolster（1991）认为单个亚基数量不同，其对品质的效应就不同。但单个亚基表达量易受环境影响，加之其准确测量还有问题，而亚基之间的比例似乎是受遗传控制的，对品质也有重要影响。因此，上述推断与结论有待于进一步充实与完善。

不同染色体位点间的互作效应是存在的。Kolster 等的研究表明，*Glu-A1* 与 *Glu-D1*，*Glu-B1* 与 *Glu-D1* 之间都存在互作效应，而且互作效应约是加性效应的一半。

3.2 HMW 谷蛋白亚基组成的遗传特点

HMW 谷蛋白亚基由复等位基因控制，通常每个染色体上两个基因连锁遗传，如同一个孟德尔单位一样，F_1 呈共显性遗传现象，即 F_1 具有双亲所有的亚基，呈混合型。F_2 的分离比例为：亲本 1 ∶杂合型∶亲本 2=1 ∶ 2 ∶ 1，等位基因表达存在剂量效应，非等位基因之间存在互作效应。每个染色体上两个连锁基因重组频率非常低，加在 *Glu-D1* 上，5 与 10 连锁，2 与 12 连锁，但也出现有“5+12”“ 2+10”的重组类型。

4. 我国小麦品种 HMW 谷蛋白亚基的组成及其应用前景

我国小麦 HMW 谷蛋白亚基组成与面包品质关系的研究刚刚起步便引起了普遍关注。河北等地已开展了此项研究。何中虎等与 G.Wang 分别于墨西哥和英国进行的 HMW 谷蛋白亚基组成的研究表明，*Glu-A1* 编码的亚基 1、2^* 与 N、*Glu-B1* 编码的亚基 7+8、7+9、20，*Glu-D1* 编码的亚基 2+12、4+12、5+10 在我国小麦品种中有一定频率，而 *Glu-B1* 编码的对品质具有正效应的亚基 17+18，13+16，14+15 等频率极低或无。

赵和等（1994）对国内外大量品种的 HMW 谷蛋白亚基组成等品质参数与农艺性状的相关分析表明，不同品质的品种 HMW 谷蛋白亚基组成不同，不同农艺性状的品种间 HMW 谷蛋白亚基的组成无显著差异，这表明农艺性状与受遗传控制的 HMW 谷蛋白亚基组成间无显著相关关系，育种中可二者兼顾。我国品种中优质亚基 5+10 频率较低。毛沛等（1994）对亚基 5+10 的转育规律研究表明，优质亲本（含亚基 5+10）与高产亲本杂交，F_1 连续与优质亲本回交，回交世代 5+10 的频率呈几何指数递增，如果 F_1 与高产亲本连续回交，回交世代 5+10 的频率呈几何指数递减。因此，通过 HMW 谷蛋白优质亚基的转育，虽难度较大，但还是可望育出高产与优质相结合的品种。

（参考文献 40 篇略）

原载于《国外农学—麦类作物》1995（4）

一些优质小麦及其杂种后代高分子量谷蛋白亚基组成与面包品质之关系

王瑞　宁锟
（陕西省小麦研究中心，杨陵 712100）

R. J. Peňa
（CIMMYT, Mexico）

摘要：应用 SDS–PAGE 技术分析了陕优 225 等 16 个品种及 3 个组合杂种后代分离材料高分子量谷蛋白（HMWg）亚基组成及与面包品质的关系。结果表明，普通小麦中罕见的 *Glu-B1* 编码亚基 14+15 像 *Glu-D1* 编码的亚基 5+10 一样，对面包品质有重要贡献，存在于陕优 225、小偃 6 号等优质品种中。国内大多数品种 *Glu-1* 品质得分与 SDS 沉淀值显著正相关。HMWg 亚基组成遗传 F_1 呈共显性，F_2、F_3 异质位点呈亲本 1：混合型：亲本 2＝1：2：1 分离比例。F_1 沉淀值呈中亲偏低值，F_3 品系沉淀值为：HMWg 亚基组成优质纯合型＞混合型＞劣质纯合型。

关键词：小麦；SDS–PAGE；HMWg；亚基 14+15

The Correlation between High-Molecular-Weight Subunit Compositions of Some High-Quality Bread Wheat and Their Hybrid Progenies and Bread-Making Quality

Wang Rui　Ning Kun
（Wheat Research Centre of Shaanxi Province, Yangling 712100）
R. J. Peňa
（International Maize and Wheat Improvement Center）

Abstract: The HMW（high–molecular–weight）glutenin subunit compositions of 16 bread wheat varieties and their progenies of 3 combinations were studied by SDS–PAGE. The results reveal that the rare subunit 14+15 encoded by *Glu-B1* like subunit 5+10 encoded by

Glu-D1 has important positive effect to bread quality, and exists in Shaanyou 225, Xiaoyan 6 et al. high–quality varieties. The results also indicate the positive correlation between *Glu-1* quality score and bread–making quality in most of Chinese wheat. The HMWg subunits behave co–dominant inheritance in F_1，F_2 and F_3 behave 1 : 2 : 1 （parents 1 : mixing : parents 2） segregating proportion in heterogeous loci. Sedimentation value of mixing genotypes are mediate between 2 parents and indicate dose–effect in gene express, in F_3 lines, high–quality homologeous loci>mixing>low–quality homologeous loci. Those which have subunit 14+15 should pay attention to be used as subunit 5+10 in wheat breeding program.

Key words：Wheat; SDS–PAGE; HMWg; Subunit 14+15

20 世纪 70 年代末 Payne 等 [1] 利用 SDS–PAGE 等技术分离并定位了由复等位基因控制的高分子量谷蛋白（HMWg）亚基组成后，大量研究表明，小麦胚乳贮藏蛋白中 HMWg 亚基组成与面团流变学特性及最终产品质量广泛相关 [2~5]，尤其是如 *Glu-D1* 编码 5+10 亚基存在，对面包品质有重要贡献。本研究选用国内优质小麦陕优 225、小偃 6 号等品种及其杂种后代，分析 HMWg 亚基组成及其与面包品质的关系以及遗传特点，以期为品质改良提供思路。

1. 材料和方法

供试材料均由陕西省粮食作物研究所小麦育种课题组提供。F_1（杂交当代籽粒）> 与 F_2（F_1 植株自交所结籽粒）3 个组合为陕 229 × 郑 83203，内乡 182 × 陕 408，陕优 225 × M8007，F_3 2 个组合为内乡 182 × 陕 408，陕 229 × 郑 83203，共 80 个株系。

SDS 微量沉淀值测定方法：称量全麦粉 1 g（经 Cyclone 磨粉机），加 6 mL 1% 考马斯亮蓝（R–250）溶液，振荡器上充分振荡 20 s 后，静置 3 min → 摇 20 min → 静置 2 min → 摇动 15 min → 加 19 mL SDS–乳酸溶液→摇床上摇动 1 min → 垂直静置 14 min → 读数。

SDS–PAGE：称量全麦粉 40 mg（来源于 10 ～ 15 基本粒），加 600 μL 62.5 mmol/L 样品提取液于离心管中，置连续旋转搅拌器上提取 40 min，再置沸水浴中提取 5 min，于 8 000 r/min 下离心 4 min，备用。样品提取液含 10%（*W*/*V*）丙三醇，2%（*W*/*V*）SDS（十二烷基硫酸钠），0.03% 溴酚蓝及 5%β 巯基乙醇。

蛋白质浓缩胶采用 4% 丙烯酰胺、0.3% 甲叉双丙烯酰胺、0.1% SDS，蛋白质分离胶采用 8.7% 丙烯酰胺、0.3% 甲叉双丙烯酰胺、0.1%SDS 以及 0.38% Tris–盐酸缓冲液（pH 8.8）。每样品吸取 12 μL 蛋白质提取液滴入凝胶泳道中。

每个凝胶板在 13 mA 电流、15℃水循环器温度调节下电泳约 20 h。

胶板用含 0.13% 考马斯亮蓝（水：正丁醛：醋酸 =5 ： 40 ： 7，*V*/*V*）染色液中染色过夜，后在水：正丁醛：醋酸 =65 ： 25 ： 10（*V*/*V*）溶液中染色过夜，脱掉蛋白质外胶板颜色。

按照 Payne 和 Lawrence[1,5] 确定的 *Glu-1* HMWg 亚基组成图谱，以品种 OPATA（2*，13+16，2+12），PITXIO（1，7+8，4+12）和 PAVON（2*，17+18，5+10）为对照品种进行标定。

2. 结果与分析

2.1 HMWg 亚基 14+15 对品质的效应

16 个普通小麦品种 HMWg 亚基组成与 SDS 微量沉淀值测定，单个亚基对品质的效应（表 1）如下：*Glu-A1* 位点，N 略高于1；*Glu-B1* 位点，亚基 14+15（18. 90 mL）> 7+8 （16. 92 mL）> 7+9（14. 96 mL）；*Glu-D1* 位点，亚基 5+10 （18.13 mL）> 2+12 （17.06 mL）> 4+12 （15.45 mL）。

单个亚基对品质的效应排队与国外大多数国家品种测定结果基本一致，如 *Glu-B1* 位点，7+8 优于 7+9；*Glu-D1* 位点，5+10 优于 2+12，2+12 优于 4+12。*Glu-A1* 位点，N 与 1 的效应区别不明显。*Glu-B1* 编码的亚基 14+15 在国内外确定品种中非常罕见，像 *Glu-D1* 编码的亚基 5+10 一样，平均沉淀值很高（18.90 mL），优于同位点的亚基 7+8 和 7+9，存在于优质面包小麦陕优 225、小偃 6 号及陕 229 等品种中，对品质有重要贡献。

陕 229（1，14+15，2+12）× 郑 83203（N，7+9，5+10）F_3代 40 品系测定结果，单个亚基效应（表 1）如下：*Glu-A1* 位点，亚基 1（14. 49 mL > N（12.84 mL）；*Glu-B1* 位点，亚基 14+15（16.31 mL > 14+15/7+9（14.09 mL > 7+9（12. 80 mL），*Glu-D1* 位点均为亚基 5+10；此结果排除了 *Glu-B1* 与 *Glu-D1* 位点基因不同而引起的互作效应，进一步揭示出 *Glu-B1* 编码的亚基 14+15 优于亚基 7+9。

表 1 HMWg 单个亚基效应分析

Tab.1 Analysis of Individual subunit effect of high-molecular-weight glutenin

		基因位点 Gene loci							
		Glu-A1		*Glu-B1*			*Glu-D1*		
16 个品种平均 The means of 16 varieties	等位基因 Allele	N	1	7+8	7+9	14+15	5+10	2+12	4+12
	频率 Frequency	37.5	62.5	43.8	31.2	25.0	25.0	50.0	25.0
	沉淀值（mL）MST	17.50	16.58	16.92	14.96	18.90	18.13	17.06	15.45
陕 229 × 郑 83203 F3 40 品系平均 The means of 40 lines	等位基因 Allele	N	1		7+9	14+15	5+10		
	频率 Frequency	12.5	87.5	25.0	42.5	32.5	100		
	沉淀值（mL）MST	12.84	14.49	14.09	12.80	16.31	14.30		

2.2 HMWg 亚基组成与品质的关系

按照 Payne 等[1-5]根据 HMWg 单个亚基对面包品质效应进行排队并假设部分同源群 1 染色体 3 个位点基因效应是累加的，不考虑其互作效应建立的 *Glu-1* 品质得分体系，16 个品种 HMWg 亚基组成、*Glu-1* 品质得分及 SDS 沉淀值结果（表 2），*Glu-1* 品质得分≥ 7 且具较高沉淀值的品种陕 160、植 504、郑 83203、81213-13、绵阳 19、小偃 6 号、陕 229 及陕优 225 中，郑 83203 与绵阳 19 具有 *Glu-D1* 编码的亚基 5+10；81213-13、小偃 6 号、陕 229 及陕优 225 为同一 HMWg 基因型（1，14+15，2+12），具有 *Glu-B1* 编码的亚基 14+15。陕优 225 与小偃 6 号具有面筋强度大，面包体积高等特点，被中国首届面包小麦品质鉴评会评为国家一级面包小麦。陕 229 与 81213-13 也具较优品质。植 504 与陕 160 具同一 HMWg 基因型（1，7+8，4+12），这些品种皆为小麦育种的优质资源。

表 2 18 个普通小麦品种 HMWg 亚基组成及沉淀值

Tab.2 High-molecular-weight glutenin subunit compositions and sedimentation values in 18 hexaploid wheat varieties

品种 Varietie	组合 Pedigree	基因位点 Gene loci			*Glu-1* 品质得分 *Glu-1* quality score	数量沉淀值 MST（mL）
		Glu-A1	*Glu-B1*	*Glu-D1*		
陕 160 Shaan 160	陕 213/ 陕 167 Shaan 213/Shaan 167	1	7+8	4+12	3+3+1=7	16.5

续表

品种 Varietie	组合 Pedigree	基因位点 Gene loci Glu-A1	Glu-B1	Glu-D1	*Glu-1* 品质得分 *Glu-1* quality score	数量沉淀值 MST（mL）
植 504 Zhi 504	八倍体小偃麦、79104 Thincopyrum intermedium-wheat octoploid/79104	1	7+8	4+12	3+3+12=7	16.5
郑 83203 Zheng 83203	—	N	7+9	5+10	1+2+4=7	23.0
陕 408 Shaan 408	77/31/ 陕农 7859 77/31/Shaannong 7859	N	7+9	2+12	1+2+2=5	13.0
陕 861 Shaan 861	1900/ 小偃 6 号	N	7+8	2+12	1+3+2=5	16.0
81213-13	1900/Xiaoyan 6	1	14+15	2+12	3+3+2=8	16.5
80356	77/31/ 小偃 6 号 77/31/Xiaoyan6 号	N	14+15	2+12	1+3+2=6	14.0
绵阳 19 Mianyang 19	—	N	7+8	5+10	1+3+4=8	24.0
小偃 6 号 Xiaoyan 6	St2422/242/ 小偃 96 St2422/242/ Xiaoyan96	1	7+8	2+12	3+3+2=8	23.0
郑 891 Zheng 891	百农 3217/9612-2 Bainong3217/9612-2	1	7+9	5+10	3+3+4=10	13.5
M8007	6811(2)/ 中 4 6811(2)/Zhong 4	N	14+15	4+12	1+3+1=5	15.0
烟 1604 Yan 1604	74（11）3/ 烟 70172// 烟 71152/ 烟 71148 74（11）3/Yan 70172// Yan 71152/Yan 71148	1	7+9	4+12	3+2+1=6	13.8
陕 229 Shaan 229	7853 × (TB902 × 小偃 6 号） 7853 × (TB902 × Xiaoyan6 号）	1	14+15	2+12	3+3+2=8	17.5
880-0-95	—	1	7+9	2+12	3+3+2=7	13.0
陕优 225 Shaanyou 225	小偃 6 号 /Ns 2761 Xiaoyan 6/Ns 2761	1	14+15	2+12	3+3+2=8	23.5
内乡 182 Neixiang 182	—	1	7+9	5+10	3+2+4=9	12.0

注： *Glu-1* 编码的亚基 14+15 得 3 分。Note: *Glu-1* quality score of subunit 14+15 is 3.

陕408，M8007等具有较全面的农艺性状及抗病性，其HMWg亚基组成差，*Glu-1*品质得分及沉淀值均低，可能来源于1B/1R易位系[6]，随着丰产、抗病基因导入，劣质基因也随之而入。

品种郑891（1，7+8，5+10）与内乡182（1，7+9，5+10）具有优良HMWg亚基组成及*Glu-1*品质得分，沉淀值却极低；同一HMWg亚基组成基因型品种间品质差异说明，除HMWg亚基组成外，其他蛋白质组分也影响品种的品质表现。

从表3可以看出，*Glu-1*品质得分与SDS沉淀值间，16个品种相关系数不显著，14个品种极显著正相关。故HMWg亚基组成与*Glu-1*品质得分可反映大多数品种的品质优劣，是可遗传的品质指标，然HMWg亚基表达量受环境影响[12]，且小麦胚乳贮藏蛋白中低分子量谷蛋白亚基组成、醇溶蛋白组成、蛋白组分间比例及非蛋白成分亦影响品质表现。

从表3还看出，不同位点基因对品质效应有异，*Glu-D1*位点品质得分与SDS沉淀值呈显著正相关；*Glu-B1*与其相关系数>*Glu-A1*，但未达显著水平。3个位点对品质的效应为*Glu-D1*>*Glu-B1*>*Glu-A1*。

表3 *Glu-1*品质得分与SDS沉淀值的相关系数

Tab.3 The correlation coefficient between *Glu-1* quality score and SDS micro-sedimentation value

Glu-1 total	*Glu-A1*	*Glu-B1*	*Glu-D1*	品种数 The number of varieties
0.215	–0.116	0.330	0.222	16
0.681**	0.005	0.293	0.631*	14

注：**1%显著水平，1% significant difference; * 5%显著水平，5% significant difference.

2.3 HMWg亚基组成的遗传

3个组合F_1及双亲SDS-PAGE测定表明，父母本双方HMWg亚基在杂种一代籽粒中均得到表达，呈共显性遗传。异质位点呈混合型，同质位点呈单一型，N与1或2呈1或2。F_1沉淀值呈中亲偏低值。可见HMWg亚基等位基因在转录表达时存在剂量效应，呈混合型的异质位点等位基因总表达量与同质位点等量或接近，故优劣亚基杂合基因型品质介于双亲之间。

F_2 3个组合与F_3 1个组合40株系测定表明，F_1呈混合型位点，经适合性卡方（χ^2）检验，F_2、F_1呈亲本1：混合型：亲本2=1：2：1分离比例。同一位点编码x-型亚基与y-型亚基2个基因连锁，如同一个基因一样分离、组合，属 Medel 简单质量性状遗传，同一位点不同等位基因间未发现重组类型。

F_3 2 个组合 80 个品系测定结果，单个位点亚基对品质效应为：HMWg 优质纯合型 > 混合型 > 劣质纯合型。内乡 182（1，7+9，5+10）× 陕 408（N，7+9，5+10）杂种 F_3 品系中，*Glu-A1*（1）与 *Glu-B1*（7+9）为同质位点的 40 个品系，仅 *Glu-D1* 是异质位点表现分离，沉淀值：亚基 5+10（15. 85 mL）5+10/2+12（13.75 mL）2+12（13.36 mL）； 陕 229 （1,14+15, 2+12）× 郑 83203 （N，7+9，5+10）F_3 品系中，*Glu-A1*（1）与 *Glu-D1*（5+10）为同质位点的 40 个品系，仅 *Glu-B1* 异质位点表现分离，沉淀值 14+15 （16.31 mL）>14+15/7+9 （14.09 mL）>7+9（12. 80 mL），即不同 HMWg 基因型品种杂交后代品质分离与 F_1 表现相同。等位基因表达存在剂量效应，故杂合型品质呈中亲偏低值。

总之，利用中心农艺亲本与优质亲本杂交，对高产亲本中导入像 5+10，14+15 等一些 HMWg 优质亚基，通过 *Glu-A1*、*Glu-B1* 与 *Glu-D3* 位点正效应亚基优化组合，使每个位点优质基因集于一身，并推迟选择世代，选育符合目标性状又具纯合 HMWg 优质基因型，可望育成高产优质品种。

3. 讨论

①普通小麦中罕见的 *Glu-B1* 编码的 HMWg 亚基 14+15 像 *Glu-D1* 编码的亚基 5+10 一样，对面包品质有重要贡献，存在于优质面包小麦陕优 225、小偃 6 号等品种中。前人[4,6,7]对大量中国品种 HMWg 亚基测定表明，*Glu-B1* 编码的亚基 20 在中国品种中有一定频率，小偃 6 号具亚基 20，但无一品种具有亚基 14+15。在亚基 14 与 15 分离不开时，二者合一的迁移率与亚基 20 接近，易误认是亚基 20。亚基 14 稍快于亚基 20，亚基 15 稍慢于亚基 20，亚基 14 谱带较亚基 15 宽。具有亚基 14+15 的陕优 225、陕 229、81213 –13、80356 等品种（系）皆是小偃 6 号的后代，陕 229 与郑 83203 F_3 品系也具有亚基 14+15。这些都确证小偃 6 号等具有亚基 14+15，其来源有待进一步探究。此外亚基 20 对品质具负效应[2,8]，与亚基 14+15 的效应相反。

②本研究进一步印证了国内大多数小麦品种胚乳贮藏蛋白中 HMWg 亚基组成与 Payne 等建立的 *Glu-1* 品质得分显著正相关[4,6]；HMWg 亚基是小麦贮藏蛋白的重要部分而不是全部，其他蛋白组分如低分子量谷蛋白（LMWg）亚

基组成、醇溶蛋白组成、蛋白组分之间比例及非蛋白组分亦影响小麦品质。本文同时印证了由复等位基因编码的 HMWg 亚基组成遗传属质量性状，F_1 呈共显性，F_2、F_3 呈1 ：2 ：1 的分离比例。同一位点的连锁基因未发现有重组类型。由于 HMWg 基因表达存在剂量效应，故 F_3 及其他世代 HMWg 亚基混合型（杂合型）的品质低于优质纯合型，高于劣质纯合型，呈中亲偏低值。育种中应鉴定筛选具 HMWg 优质纯合的后代类型。

本文经中国农科院王光瑞先生审阅，谨致谢忱。

参 考 文 献

[1]Payne P I, Lawrence. Catalogue of alleles for the complex gene loci, *Glu-A1*, *Glu-B1* and *Glu-D1* which code for high-molecular-weight subunits of glutenin in hexaploid wheat[J]. Cereal Research Communications, 1983（11）: 29-35.

[2]Roger W J, Payne P I. Harinder. The HMW glutenin subunit and gliadin compositions of German–grown wheat varieties and their relationship with bread–making quality[J].Plant Breeding,1989（103）: 89–100.

[3]Campbell W P，Wrigley C W，Cressy P J，et al. Statistical correlations between qualify attributes and grain protein composition for 71 hexaploid wheats used as breeding parents[J]. Cereal Chem, 1987（64）: 293-299.

[4]Wang G，Snape J W，Hu H，et al. The high–molecular–weight gluten in subunit compositions of Chinese bread wheat varieties and their relationship with bread-making quality[J].Euphytica,1993（68）: 205-212.

[5]Payne P I, Harris P A, Law C N，et al. The high–molecular–weight subunits of glutenin: structure, genetics and relationship to bread-making quality[J].Ann.Technol. Agric.,1980, 29（2）: 309-320

[6]He Zhonghu, Peňa R J, Rajaram S. High molecular weight glutenin subunit composition of Chinese bread wheats[J]. Euphytica, 1992（64）: 11-20.

[7] 赵和，卢少源，李宗智．小麦高分子量麦谷蛋白亚基遗传变异及其与品质和其它农艺性状关系的研究 [J]．作物学报，1994，20（1），67-75.

[8]Payne P I, Nightingale M A, Kattiger A F, el al. The relationshjp between HMW glutenin subunit composition and the bread-making quality of British-grown wheat varieties. variefies.

J.Sci.Food Agric.,1987（40）:51-65.

[9] Morgunov A I，Peña R J，Rajaram S．The relation between high–molecular–weight glutenin subunits and bread-making quality of F1 Hybrids in bread wheat[C]// 第六届国际遗传会议论文集 . 1992.

[10] Peña R J, Genetic, biochemical and rheological aspects considered at CIMMYT for the improvement of wheat and triticale.1993 （Print）.

[11] 毛沛，李宗智，卢少源．小麦高分子量（HMW）麦谷蛋白亚基的遗传及其在杂种后代转育规律的研究 [C]// 植物遗传理论和应用研讨会文集．1994，272-276.

[12] Kolster P, Krechting C F, Van Gelder W M J.Quantification of individual high molecular weight glutenin subunits of wheat using SDS-PAGE and scanning densitometry.J Cereal Sci.,1991（15）: 49-61.

原载于《西北农业学报》1995,4（4）

小麦低分子量谷蛋白（*Glu-3*）亚基及高分子量醇溶蛋白（*Gli-1*）的分离图谱辨读方法

王瑞　张改生　王红
（西北农林科技大学农学院小麦研究所，陕西杨凌 712100）

摘要：小麦胚乳贮藏蛋白质中低分子量谷蛋白亚基和高分子量醇溶蛋白组成和含量对品质也有重要作用。二者的编码基因紧密连锁，分子量和电泳中的迁移率接近，为其分离和标定增加了难度。用 20 个小麦标准品种图谱为对照，结合 Gupta 汇总的 *Glu-3* 位点等位基因变异图和 Jackson 汇总的 *Gli-1* 位点等位基因变异图，可对分步法 SDS−PAGE 分离图谱中低分子量谷蛋白亚基组成（*Glu-3*）和 A−PAGE 图谱中高分子量醇溶蛋白组成（*Gli-1*）进行辨读，获得任何一个小麦品种 *Glu-3* 和 *Gli-1* 基因组成。

关键词：小麦；低子量谷蛋白亚基和高分子量醇溶蛋白组成；分离和辨读

Identifying Allele Variation of *Glu-3* and *Gli-1* Loci by Two-step SDS-PAGE and A-PAGE in Wheat

Wang Rui　Zhang Gaisheng and Wang Hong
（Wheat Research Institute, Agronomy College, Northwest A&F University, Yangling 712100, China）

Abstract: The LMW glutenin subunit and HMW gliadin compositions have key role to wheat quality too, they have proved much more difficult to separate and identify because of their overlapping mobilities and their encoded gene linkage. According to the patterns of 20 standard cultivars , the figure of *Glu-3* alleles at *Glu-A3*, *Glu-B3*, *Glu-D3* loci by Gupta and the figure of *Gli-1* alleles at *Gli-A1*, *Gli-B1*, *Gli-D1* loci by Jackson, any cultivar's LMW glutenin subunit and HMW gliadin composition can be identified by reading the patterns of two-step SDS-PAGE and A-PAGE, this paper describes the details of these procedures.

Key words: Hexaploid wheat; LMWgs and HMW gliadin compositions; Separation and Identify

小麦胚乳贮藏蛋白组成对面粉品质起着决定作用[1-4]，不仅影响其适宜加工产品的类型，而且影响加工产品的质量。培育优质品种的关键，在于聚集有益胚乳贮藏蛋白成分的控制基因。高分子量谷蛋白亚基（*Glu-1* 位点控制）采用 SDS-PAGE（十二烷基磷酸钠存在下的聚丙烯酰胺凝胶电泳）分离，其亚基组成的鉴定已基本得到掌握和运用，而低分子量谷蛋白（*Glu-3* 位点控制）亚基和高分子量醇溶蛋白（*Gli-1* 位点控制）组成由于同一位点编码此二者的基因紧密连锁[5,6]，此二者的分子量接近，且低分子量谷蛋白亚基和醇溶蛋白谱带多，1A 1B 1D 染色体上的基因谱带相互重叠。有些谱带时隐时现，给 SDS-PAGE 图谱中低分子量谷蛋白亚基和 A-PAGE 图谱中醇溶蛋白谱带辨读带来了难度。

由于低分子量谷蛋白和醇溶蛋白组成及含量和高分子量谷蛋白亚基一样，对小麦品质起着重要作用[7,8]，Gupta[8] 采用分步法首先剔除掉麦粉中的醇溶蛋白，从而提取到单纯的谷蛋白，再用 SDS-PAGE 分析低分子量谷蛋白亚基组成，对每个染色体（1A 1B 1D）上等位基因变异，采用国际上通用的 a,b,c,d,e,f,g,h,i,j,k 等表示，采用标准品种做对照，与已汇总的图谱结合，可有效地辨读低分子量谷蛋白亚基；采用 Jackson E. A. A-PAGE 方法分离醇溶蛋白，依据标准品种做对照与已汇总的图谱结合，对每个染色体（1A 1B 1D）上等位基因变异采用国际上通用的 a,b,c,d,e,f,g,h,i,j,k 等表示，可辨读高分子量醇溶蛋白组成。本文详尽阐述了作者在德国慕尼黑技术大学植物育种研究所采用的 A-PAGE 和分步法 SDS-PAGE 技术以及如何辨读 SDS-PAGE 图谱中低分子量谷蛋白亚基组成和 A-PAGE 图谱中高分子量醇溶蛋白遗传组成，以便使我国此类研究与国际接轨。

1. 材料与方法

1.1 材料

选定 20 个国际上得到确认其 *Glu-3* 和 *Gli-1* 基因组成并基本囊括目前小麦 1A 1B 1D 染色体上全部等位基因变异的品种作为标准品种（表 1，图 1、2）。

1.2 方法

1.2.1 高分子量醇溶蛋白的提取和分离采用

A-PAGE 分析，半粒法，醇溶蛋白在 70% 乙醇 125 μL 中提取 2 h 以上，离心后将上清液全部倒出，再给上述上清液中加入样品缓冲液（50% 丙三醇 + 少量焦宁)20 μL 充分摇匀，备用。A-PAGE 胶随用随制，含 8% 丙烯酰胺，0.003% 双叉丙烯酰胺，0.25（*W* / *V*）乳酸铝，1%（*W* / *V*）抗坏血酸，0.45%（*W/V*）乳酸，2.5%（*V* / *V*）铁硫蛋白及 1.75% 过氧水。电泳在 14℃水循环垂直板电泳槽中进行，在 220 V、30 mA、10 W 下电泳 7 min，再在 550 V、70 mA、38 W 下电泳 2 h 左右，待红色指示线消失 40 min 后，停止电泳，在染色液中染色过夜。染色液为 10% TCA 600 mL，1 粒溴酚蓝 +50 mL 酒精 +350 mL 蒸馏水；染色后胶板在蒸馏水中浸泡 1 d，去掉胶板底色。胶板在 10%TCA 固定 30 min，再在 10%TCA+6.25%（*V* / *V*）丙三醇中固定 10 min 后，用专用薄塑料纸展平包装，置于玻璃板上，直到阴干收藏。

1.2.2 低分子量谷蛋白亚基的提取和分离

谷蛋白的提取。采用分步法 SDS-PAGE，将半粒种子研碎置于离心管中，加入 250 μL 55% 异丙醇过夜，次日在 65℃温水浴中振摇 10 min，再在 65℃温水浴中提取 30 min，离心（13 000 r/min）5 min，将上清液弃去，再加 55% 异丙醇 250 μL，重复上述过程 3 次，直到醇溶蛋白被剔除完，残留物为纯谷蛋白。

给上述残留物中加入 55%（*V* / *V*）异丙醇 +0.08 mol/L pH 8 Tris-HCl 溶液 +10% DTT（*W* / *V*）（100 μL 中加入 1 mg DTT），充分摇匀，在 65℃振荡器中振荡 10 min，再在 65℃温水浴中提取 30 min，离心。再加入含 55%（*V* / *V*）异丙醇 +0.08 mol/L PH8Tris-HCl+10% （*W* / *V*）碘化乙酰胺，在 65℃温水浴中提取 30 min，离心 5 min，吸上述上清液 100 μL 于另一离心管中，加入 100 μL 样品缓冲液（2% SDS，0.02%）溴酚蓝 +0.08 mol / L pH8 Tris-HCl+40%- 丙三醇）摇匀，在 65% 温水浴中保温 15 min，离心，备用。

SDS-PAGE 凝胶制备。分离胶浓度 15%，含 15%（*W* / *V*）丙烯酰胺 0.376%（*W*/ *V*）甲叉双丙烯酰胺，pH 8.8，4.5% Tris，4 mol / L HCI，0.1%SDS，100 μL 10% APS，10 u/L Temed，制好后过夜；浓缩胶 55%（*W* / *V*）丙烯酰胺，1.5%（*W* / *Y*）甲叉双丙烯酰胺，pH 6.8 1.71% Tris,4 mol / L HCI，0.1% SDS，80 μL 10% APS, 20 μL Temed。

表 1　20 个标准品种 *Glu-3* 位点控制的低分子量谷蛋白亚基和 *Gli-1* 位点控制的高分子量醇溶蛋白组成

Table 1　*Glu-3*，*Gli-1* gene Patterns of 20 standard Cultivars

Cultivars	*Glu-A3*	*Glu-B3*	*Glu-D3*	*Glu-A1*	*Glu-B1*	*Glu-D1*
Apostle	f	g	a	b	f	g
Brimstone	a	g	c	f	f	f
Longbow	d	g	c	o	f	l
Avalen	a	b	c	f	b	b
Beaver	f	j	e	b	l	b
Riband	d	f	b	o	g	b
Alpes	a	b	a	b	b	b
Nisu	g	d	c	f	h	d
Flereal	a	d	a	a	h	l
Liecorne	e	b	c	m	b	k
Alves	e	b	a	m	b	i
Gemini	a	g	c	a	e	d
Timene	d	h	a	o	d	b
Ruso	e	i	a	m	k	a
Paudas	a	i	c	a	m	f
Pricama	e	b	a	m	b	a
Priqual	f	g	a	f	c	a
Salmene	a	c	c	l	s	b
China Spring	a	a	a	a	a	a
Hereward	f	g	c	b	f	b

缓冲液制备及电泳。下层缓冲液 45. 43 g Tris+5.0 g SDS+4 mol/L HCl，调 pH 7.8，定容为 5 L. 上层缓冲液 30 g Tris+10g SDS+148 g 甘氨酸，pH 8.0~8.3，定容为 1 L，用时稀释 10 倍。

垂直板电泳槽，在 10℃水循环 14 mA 稳流下电泳约 20 h。

胶板染色、脱色和固定，同 A-PAGE 方法。

2 结果与分析

2.1 SDS-PAGE 图谱中 *Glu-3* 位点控制的低分子量谷蛋白亚基组成的辨读

20 个标准品种 *Glu-A3* 位点有 a,d,e,f,g 5 个等位基因，*Glu-B3* 位点有 a,b,c,d,f,g,h,i,j 9 个等位基因，*Glu-D3* 位点有 a，b，c 3 个等位基因，几乎囊括了图 2 中三个位点所有等位基因变异，参考各品种 SDS-PAGE 图谱中各等位基因的谱带位置，就可辨读任何一个品种 SDS-PAGE 图谱中 *Glu-A3*、*Glu-B3* *Glu-D3* 位点等位基因组成。

2.2 A-PAGE 图谱中 *Gli-1* 位点控制的高分子量醇溶蛋白组成

Gli-A1 位点有 a,b,m,l,f,o 6 个等位基因，*Gli-B1* 位点有 a,b,c,d,e,f,g,h,l,m,k,s 12 个等位基因，*Gli-D1* 位点有 a,b,d,f,g,l,k 7 个等位基因（图 3），参考图 4 及这些标准品种 A-PAGE 图谱中各等位基因的谱带位置，就可辨读任何一个品种高分子量醇溶蛋白组成。

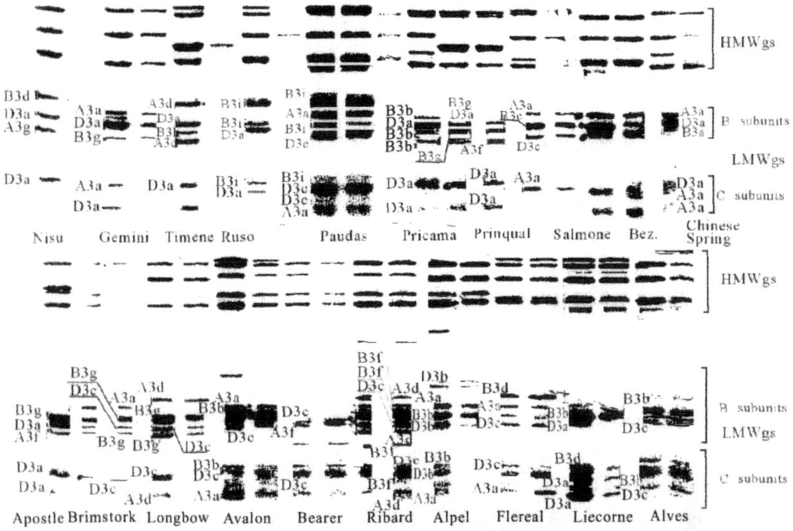

图 1　20 个标准品种 SDS-PAGE 中 *Glu-3* 位点编码的低分子量谷蛋白亚基组成

Fig.1 Two-step SDS-PAGE patterns（mainly mark *Glu-3* allele variation）of 20 standard cultivars

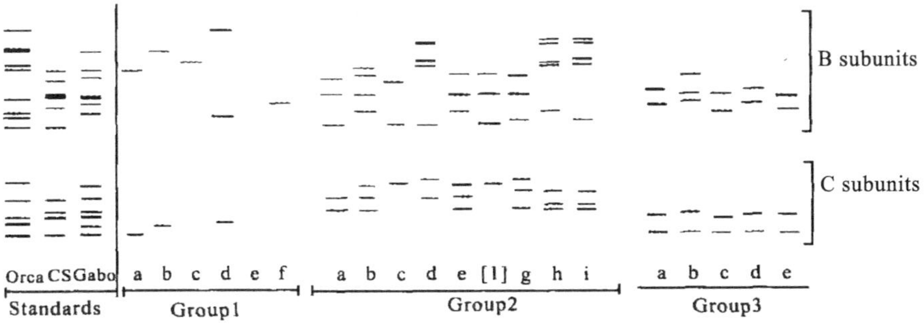

图 2 *Glu-A3 Glu-B3 Glu-D3* 位点等位基因变异汇总（摘自 Gupta 1995）

Fig.2　The allele variation at *Glu-A3 Glu-B3 Glu-D3* loci in SDS-PAGE（from Gupta 1995）

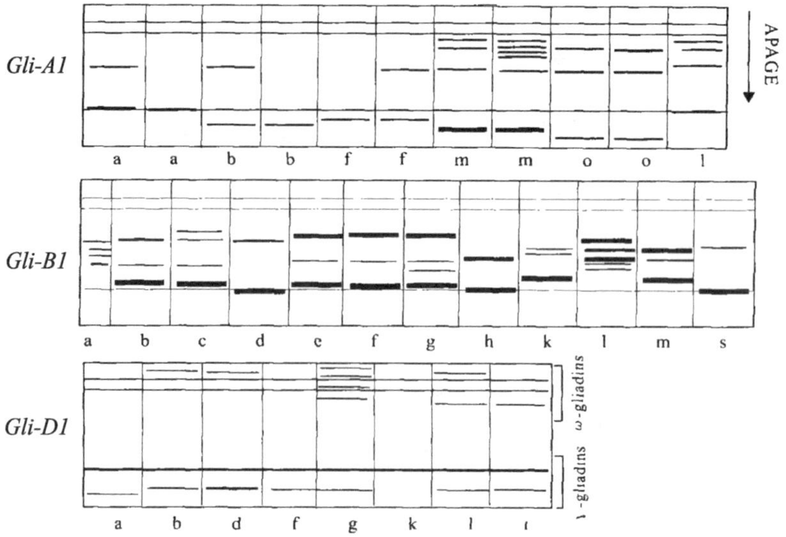

图 3 *Gli-A1 Gli-B1 Gli-D1* 位点等位基因变异汇总（摘自 E. A. Jackson）

Fig.3 The allele variation at *Gli-A1 Gli-B1 Gli-D1* loci in A–PAGE （from E. A. Jackson）

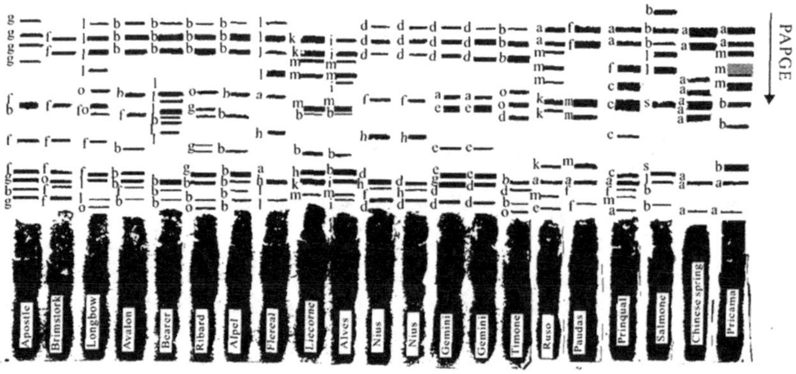

图 4 20 个标准品种的 A-PAGE 图谱及 *Gli-1* 位点编码的高分子量醇溶蛋白组成

Fig.4 The HMW gliadin compositions of 20 standard cultivars at *Gli-A1 Gli-B1 Gli-D1* loci in A–PAGE

3. 讨论

首先采用分步法 SDS–PAGE 剔除掉小麦籽粒中的醇溶蛋白，再提取谷蛋白，加以分析，可较为有效地获得其低分子量谷蛋白亚基组成，避免了二者分子量接近带来的干扰，为研究低分子量谷蛋白亚基变化对品质的影响提供了较可靠的方法。但低分子量谷蛋白亚基和醇溶蛋白图谱谱带多，且染色体 1A 1B 1D

上基因编码的亚基谱带位置相互重叠，加之有些谱带时隐时现，其辨读必须参考足够多的对照品种的图谱。另外，在辨读中发现即使高、低分子量谷蛋白亚基和高分子量醇溶蛋白组成完全一样，A–PAGE 和 SDS–PAGE 图谱中较低分子量部分组成也有可能不同。

Gli-1 基因位点控制的高分子量醇溶蛋白变异和 *Glu-3* 基因位点控制的低分子量谷蛋白亚基变异远比 *Glu-l* 基因位点控制的高分子量谷蛋白亚基复杂和丰富，在品种鉴别中辨读 SDS–PAGE 中 LMWgs 图谱中谱带变化和 A–PAGE 中醇溶蛋白图谱中谱带变化远比辨读HMWgs 图谱中谱带变化有用，为用A–PAGE 和 SDS–PAGE 鉴别品种提供了依据。*Glu-1*、*Glu-3* 和 *Gli-1* 位点基因变异的共同特点是 1B 染色体上控制品质变异等位基因最多，其次是 1D 染色体，1A 染色体上控制品质变异的等位基因最少。

参 考 文 献

[1] Payne P I, Lawrence G J. Catalogue of alleles for the complex gene loci. *Glu-A1*, *Glu-B1*, *Glu-D1* which code for high-molecular-weight subunits of glutenin in hexaploid wheat[J]. Cereal Res Commun, 1983（11）:29-35.

[2] Singh N K, Shepherd KW. The cumulative allelic variation in LMW and HMW glutenin subunits to physical dough properties in progeny of two bread wheat [J]. Theor Appl Genet, 1989（77）:57-64.

[3] Labuschagne M T, Van C S, Deventer. The effect of *Glu-B1* high molecular weight glutenin subunits on biscuit-making quality of wheat[J]. Euphytica,1995（83）:193-197.

[4] Payne P I, Jackson E A. Holt L M, et al. Genetic linkage between endosperm protein genes on each of the short arms of chromosomes 1A and 1B in wheat[J]. Theor Appl Genet, 1984（67）:235-243.

[5] Jackson E A, Holt L M, Payne P I. Characterization of high–molecular–weight gliadin and low-molecular-weight glutenin subunits of wheat endosperm by two-dimensional eletrophoresis and the chromosomal location of their controlling genes[J].Theor Appl Genet. 1983(66):29-37.

[6] Shepherd K W. Low–molecular–weight glutenin subunits in wheat their variation, inheritance and relation with bread-making quality[C]//Proc 7th Int. Genet Symp. Cambridge, England, 1988:943-949.

[7] Gupta, Shepherd KW. Two step one–dimensional SDS–PAGE analysis of LAW subunits glutelin [J].Theor Appl Genet. 1990（80）:65-74.

[8] Hoefer scientific instruments. Protein electrophoresis [M]. Applirations guide, 65 minnasota street. San Francis co. C A. 1994.

原载于《西北农业学报》2006,15（1）

小麦资源胚乳蛋白 *Glu-1*、*Glu-3*、*Gli-1* 基因位点变异特点

王瑞[1]　张改生[1]　F J Zeller[2]　S L K Hsam[2]
（1 西北农林科技大学农学院小麦研究所，陕西杨凌 712100; 2 德国慕尼黑技术大学植物育种研究所，德国慕尼黑 D−85350　Freising−Weihenstephan）

摘　要：141 个普通小麦品种及农家种中，由 *Glu-1* 位点控制的高分子量谷蛋白亚基共 27 种图谱，最常见的图谱是（N，7+8，2+12）占 22% 和（N，7+9，2+12）占 19.9%，*Glu-A1*、*Glu-B1*、*Glu-D1* 位点控制的均为正效应亚基，其图谱（1，7+8，5+10），（1，14+15，5+10），（1，13+16，5+10），（1，17+18，5+10），（2*，7+8，5+10），（2*，13+16，5+10）占 13.4%；由 *Glu-3* 位点控制的低分子量谷蛋白亚基共 48 种以上的图谱，最常见的图谱是（a,j,c），*Glu-A3* 位点存在 6 个以上等位基因，新发现的占 5.7%，*Glu-B3* 位点存在 10 个以上等位基因，新发现的占 2.8%，*Glu-D3* 位点存在 3 个等位基因；由 *Gli-1* 位点控制的醇溶蛋白共 81 种以上图谱，*Gli-1A1* 位点存在 7 个以上等位基因，新发现的占 7.1%，*Gli-B1* 位点存在 12 个以上等位基因，新发现的等位基因占 3.5%，*Gli-D1* 位点存在 10 个等位基因，*Gli-B1* 位点的 l 为 1B/1R 易位系，占总数的 33.6%；由 *Gli-1* 位点控制的醇溶蛋白和由 *Glu-3* 位点控制的低分子量谷蛋白亚基基因变异远比由 *Glu-1* 位点控制的高分子量谷蛋白亚基复杂和丰富。

关键词：普通小麦；高分子量谷蛋白亚基；基因变异

Characterization of *Glu-1*, *Glu-3* and *Gli-1* Alleleic Variation of Storage Protein in 141 Hexaploid Wheat Cultivars in China

Wang Rui[1] ZHANG Gaisheng[1] F J Zeller [2] and S L K Hsam [2]

(1Wheat Research Center, Agronomy College, Northwest Sci–Tech University of Agriculture and Forestry, Yangling 712100, Shaanxi, China; 2Plant Breeding Institute, Technical University of Munchen,D–85350 Freising–Weihenstephan, Germany)

Abstract: The banding patterns of HMWgs, LMWgs and HMW gliadins of 141 common wheat cultivars （lines） were analyzed using two-step SDS-PAGE and a modified A-PAGE, respectively checked out according to the 20 standard cultivars' patterns. 27 HWMgs band patterns were encoded by *Glu-1* locus, all positive effect subunits such as （1,7+8,5+10）, （1,14+15,5+10）, （1,13+16,5+10）, （1,17+18,5+10）, （2*,7+8,5+10）, （2*,13+16,5+10） were about 13.4% in the 141 cultivars （lines） which were encoded by *Glu-A1*, *Glu-B1* and *Glu-D1*. Over 48 LMWgs band patterns were encoded by *Glu-3* locus, the pattern with the highest frequency was （a,j,c）, more than 6 alleles were at *Glu-A* locus and 5.7% of them were newly discovered, above 10 alleles were at *Glu-B1* locus and 2.8% of them were newly discovered, 3 alleles were at *Glu-D1* locus; 81 HMW gliadin band patterns were encoded by *Gli-1* locus, more than 7 alleles were at *Gli-A1* locus, and 7.1% of them were newly discovered, more than 12 alleles were at *Gli-B1* locus, and 3.5% of them were newly discovered, 10 alleles were at *Gli-D1* locus; 33.6% alleles encoded by *Gli-B1* were 1B/1R translocation lines. So HMW gliadin alleleic variation encoded by *Gli-1* and LMWgs alleleic variation encoded by *Glu-3* are much more complex and abundant than HMWgs alleleic variation, these results also showed that LMWgs, gliadins and these similar to HMWgs are seldom located on chromosome 1A. Moreover, the A-PAGE patterns or SDS-PAGE patterns are possibly different even if their HMWgs, LMWgs and HMW gliadin compositions are the same, in other words, their LMW gliadins compositions may be different.

Key words: Common wheat; HMW; Gene variation

小麦胚乳贮藏蛋白组成与小麦加工产品的类型和产品的质量有重要关系。面包型、面条型小麦的质量与其富含有益的谷蛋白成分赋予的弹性和富含有益的醇溶蛋白成分赋予优良的易拉、耐煮品质是密不可分的，面包、面条皆需要谷蛋白和醇溶蛋白共同给予的高强度面筋[1–4]。

位于小麦同源群1染色体长臂上的高分子量谷蛋白亚基基因（*Glu-1* 位点控制）可用 SDS-PAGE 标定。目前认为 *Glu-A1* 位点编码的 1、2*，*Glu-B1* 位点编码的 7+8、13+16、14+15 和 17+18，*Glu-D1* 位点编码的 5+10 对品质具有正效应，其他亚基则相反[1,4–7]。

低分子量谷蛋白亚基（*Glu-3* 位点控制）和高分子量醇溶蛋白（*Gli-1* 位点控制）的编码基因位于小麦同源群1染色体的短臂上。由于同一位点编码此二者的基因紧密连锁[8–9]，且分子量接近，在 SDS–PAGE 图谱中高度重叠，尤其是低分子量谷蛋白亚基谱带多，难以辨读[9–10]。Gupta 等[11]采用分步法首先剔除掉麦粉中的醇溶蛋白，从而提取到单纯的谷蛋白，再用 SDS-PAGE 分析其高、低分子量谷蛋白亚基组成，可有效地辨读低分子量谷蛋白亚基，再配合改良的 A-PAGE 方法[12–13]，为深入地研究小麦低分子量谷蛋白和醇溶蛋白组成特点提供了基础。

本文研究了我国一些有影响的小麦品种、农家种及优质、抗性资源高、低分子量谷蛋白亚基和醇溶蛋白组成特点，以期为小麦优质育种提供基础和参考信息。

1. 材料与方法

1.1 材料

选用小麦品种（品系）和农家种共 141 个，其中包括许多重要的资源材料如小偃 6 号、陕优 225、PH82–2–2、绵阳 19、陕 253、中优 16、郑农 33、宛 798、陕 451、陕优 412、80356、阎麦 8911 和冀 5099 等。

1.2 方法

1.2.1 高分子量醇溶蛋白遗传组成

用 A–PAGE 分析，参考 Jackson E A 提出的位点图谱[9]，依据 20 个标准品种的 A–PAGE 图谱进行辨读（图 1，表 1）。

表1　20个标准品种 *Glu-3*、*Gli-1* 组成图谱

Table 1　*Glu-3*, *Gli-1* gene patterns of 20 standard cultivars

Cultivar	*Glu-A3*	*Glu-B3*	*Glu-D3*	*Gli-A1*	*Gli-B1*	*Gli-D1*
Apostle	f	g	a	b	f	g
Brimstone	a	g	c	f	f	f
Longbow	d	g	c	o	f	l
Aralon	a	b	c	f	b	b
Beaver	f	j	c	b	l	b
Riband	d	f	c	o	g	b
Alpel	a	b	b	b	b	b
Nisu	g	d	a	f	h	d
Flereal	a	d	c	a	h	l
Liecorne	e	b	a	m	b	k
Lives	e	b	c	m	b	i
Gemini	a	g	a	a	e	d
Timene	d	h	a	o	d	b
Ruso	e	I	a	m	k	a
Paudas	a	I	c	a	m	f
Pricama	e	b	a	m	b	a
Prinqual	f	g	a	f	c	a
Salmene	a	c	c	l	s	b
Chinese Spring	a	a	a	a	a	a
Hereward	f	g	c	b	f	b

1.2.2 高、低分子量谷蛋白亚基组成

1.2.2.1 谷蛋白 Gupta 分步法

谷蛋白采用 Gupta 分步法 SDS-PAGE 进行分离，按照 20 个标准品种的图谱进行辨读（图 1，表 3）。将半粒种子研碎置于离心管中，加 250 μL 55% 异丙醇过夜，次日在 65℃水浴中振摇 10 min，再在 65℃水浴中提取 30 min，离心（13 000 × *g*）5 min。将上清液弃去，再加 55% 异丙醇 250 μL，重复上述过程 3 次，直到醇溶蛋白被剔除完，残留物为纯化谷蛋白。

上述残留物中加入 55%（*V/V*）异丙醇 +0.08 mol/L Tris-HCl（pH 8）溶液 +10% DTT（*W/V*）（100 μL 中加入 1 mg DTT），充分摇匀，在 65℃振荡器中振荡 10 min，再在 65℃水浴中提取 30 min，离心。再加含 55%（*V/V*）异丙醇 +0.08 mol Tris-HCl +10%（*W/V*）碘化乙酰胺，在 65℃水浴中提取 30 min，离心 5 min，

吸上清液 100 μL 于另一离心管中，加 100 μL 样品缓冲液（2% SDS，0.02% 溴酚蓝 +0.08 mol/L Tris–HCl+40% 丙三醇）摇匀，在 65℃水浴中保温 15 min，离心，备用。

1.2.2.2 SDS–PAGE 凝胶制备

分离胶含 55%（*W/V*）丙烯酰胺，0.376%（*W/V*）甲叉双丙烯酰胺，pH 8.8，4.5% Tris，4 mol/L HCl，0.1% SDS，100 μL 10% APS，10 μL TEMED，制好后过夜。浓缩胶含 55%（*W/V*）丙烯酰胺，1.5%（*W/V*）甲叉双丙烯酰胺，pH 6.8 1.71% Tris, 4 mol/L HCl，0.1% SDS，80 μL 10% APS，20 μL TEMED。

1.2.2.3 缓冲液制备及电泳

下层缓冲液 45.43 g Tris+5.0 g SDS+4 mol/L HCl，pH 7.8，定容为 5 L。上层缓冲液 30 g Tris+10 g SDS+148 g 甘氨酸，pH 8.0 ～ 8.3，定容为 1 L，用时稀释 10 倍。垂直板电泳槽，在 10℃水循环、14 mA 稳流电泳约 20 h。

1.2.2.4 胶板染色、脱色和固定

同 A–PAGE 方法。

2 结果

2.1 *Glu-1* 基因位点控制的高分子量谷蛋白亚基变异特点

141 份材料中共检测到 27 种图谱（表 1），最常见的图谱是（N, 7+8, 2+12）和（N, 7+9, 2+12）出现频率为 22% 和 19.9%，*Glu-A1*、*Glu-B1*、*Glu-D1* 均控制优质亚基组成占 13.4%，其中（1, 14+15, 5+10）4.3%，（1, 17+18, 5+10）2.8%，（1, 7+8, 5+10）2.8%，（1, 13+16, 5+10）1.4%，（2*, 7+8, 5+10）0.7%，（2*, 13+16, 5+10）1.4%。HMWgs（*Glu-1*）图谱出现频率详见表 2。*Glu-A*、*Glu-B1*、*Glu-D1* 位点各等位基因编码亚基出现频率详见表 3。

表 2　141 个普通小麦品种 *Glu-1* 27 种 HMWgs 基因图谱分布频率

Table 2　The HMWgs gene pattern frequencies of 141 wheat cultivars at *Glu-1* loci

HMWgs 组成 Composition of HMWgs	频率 Frequency（%）	HMWg 组成 Composition of HMWg	频率 Frequency（%）	HMWgs 组成 Composition	频率 Frequency（%）
N,7+9,2+12	19.9	N,7+8,5+10	1.4	N,13+16,2+12	2.1
1,7+9,2+12	5.7	1,7+8,5+10	2.8	2*,13+16,2+12	0.7
2*,7+9,2+12	3.5	2*,7+8,5+10	0.7	1,13+16,5+10	1.4
N,7+8,2+12	22.0	N,14+15,2+12	2.1	2*,13+16,5+10	1.4
1,7+8,2+12	10.6	1,14+15,2+12	4.3	N,7+9,3+12	0.7

续表

HMWgs 组成 Composition of HMWgs	频率 Frequency（%）	HMWg 组成 Composition of HMWg	频率 Frequency（%）	HMWgs 组成 Composition	频率 Frequency（%）
2*,7+8,2+12	2.1	2*,14+15,2+12	0.7	N,17+18,2+12	0.7
N,7+9,5+10	1.4	1,14+15,5+10	0.7	2*,17+18,2+12	0.7
1,7+9,5+10	5.7	1,7+8,4+12	0.7	1,17+18,5+10	2.8
2*,7+9,5+10	3.5	2*,20,5+10	0.7	N,7,2+12	0.7

表 3　141 个普通小麦品种 *Glu-A1*、*Glu-B1*、*Glu-D1* 各基因位点分布频率

Table 3　The alleles' frequencies of *Glu-A1, Glu-B1, Glu-D1* locus in 141 wheat cultivars

Glu-A1(1AL)		*Glu-B1*(1BL)		*Glu-D1*(1DL)	
N	51.0%	7+9	40.4%	5+10	22.7%
1	4.8%	7+8	40.4%	2+12	75.9%
2*	14.2%	14+15	7.8%	3+12	0.7%
		13+16	5.7%	4+12	0.7%
		17+18	4.3%		
		7	0.7%		
		20	0.7%		

2.2 *Glu-3* 基因位点控制的低分子量谷蛋白亚基组成变异特点

141 份材料中共出现 48 种低分子量谷蛋白亚基图谱（表 4），（a, j, c）为最常见的图谱，出现频率为 14.2%, 其他 47 种图谱出现频率为 0.7% ～ 6.4%，其中 *Glu-A3*、*Glu-B3*、*Glu-D3* 位点各等位基因编码的亚基变异频率详见表 5。

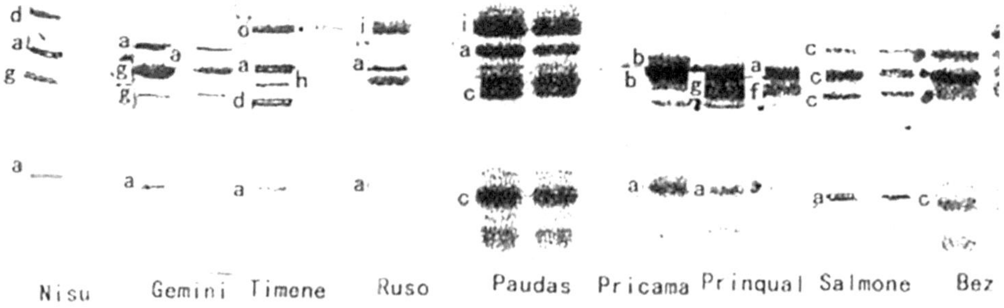

图 1　一些标准品种 SDS-PAGE 中 *Glu-3*（LMWgs）组成

Fig.1　Two-step SDS-PAGE patterns（mainly mark *Glu-3* allele variation） of some standard cultivars

表 4　*Glu-3* 基因图谱及其频率（48 种谱带）

Table 4　*Glu-3* gene patterns and their frequencies（48 patterns）

Glu-A3	*Glu-B3*	*Glu-D3*	频率(%)	*Glu-A3*	*Glu-B3*	*Glu-D3*	频率(%)	*Glu-A3*	*Glu-B3*	*Glu-D3*	频率(%)
a	b	a	1.4	d	g	c	2.8	f	i	c	1.4
a	c	c	0.7	d	h	c	0.7	f	j	a	6.4
a	d	a	2.1	d	j	c	0.7	f	j	c	1.4
a	d	c	3.5	d	j	a	3.5	f	b	a	0.7
a	b	c	0.7	d	new	a	0.7	f	d	a	1.4
a	f	c	1.4	d	new	c	0.7	o	h	a	0.7
a	g	c	5.0	e	c	a	0.7	new	f	c	0.7
a	g	a	6.4	e	b	c	0.7	new	g	c	2.8
a	i	c	0.7	e	g	c	0.7	new	h	a	0.7
a	j	a	4.3	e	i	c	2.1	new	new	a	0.7
a	j	c	14.2	e	j	a	2.1	f	f	c	1.4
a	h	a	2.8	e	j	c	1.4	new	i	c	0.7
a	new	a	0.7	a	i	a	0.7	e	j	d	0.7
d	f	a	0.7	f	a	c	0.7	f	d	c	0.7
d	f	c	0.7	d	g	a	1.4	f	g	c	7.8
f	g	a	2.1								

表 5　*Glu-3* 位点基因变异及其频率

Table 5　The allele variation at *Glu-3* locus and frequencies

Glu-A3(1AS)		*Glu-B3*(1BS)		*Glu-D3*(1DS)	
变异位点 Locus	频率 Frequency(%)	变异位点 Locus	频率 Frequency(%)	变异位点 Locus	频率 Frequency(%)
a	45.4	a	1.5	a	42.6
d	15.6	b	3.5	c	56.7
e	7.8	c	1.4	d	0.7
f	24.8	d	9.2		
o	0.7	f	5.2		
new	5.7	g	29.1		
		h	7.1		
		i	6.4		
		j	34.0		
		new	2.8		

注：j* 为 1B/1R 易位而来

2.3 *Gli-1* 基因位点控制的高分子量醇溶蛋白变异特点

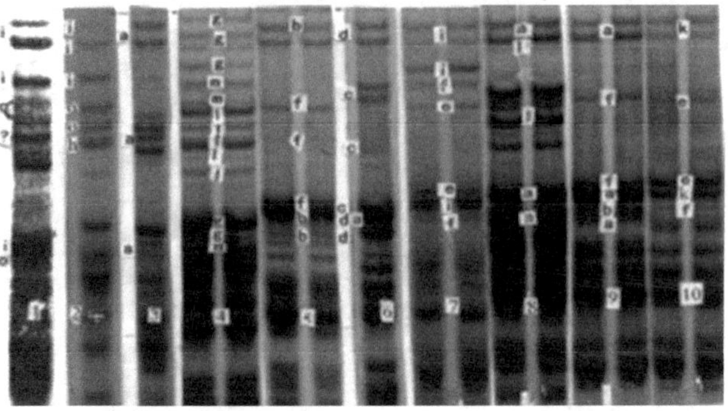

图 2　部分小麦品种的 A-PAGE 图谱

Fig. 2　A–PAGE patterns of some wheat cultivars

Gli–1 组成为：1. 小偃 6 号（o,h,i）；2. 冀 5099（o,h,i）；3. 中国春（a,a,a）；4. 矮西密 3 号（m,l,g）；5. Hereward（b,f,b）；6. 郑资 8748（a,c,d）；7. 陕麦 893（f,e,i）；8. 绵阳 89–47（l,l,a）；9.GH67（b,f,a）；10. 绵阳 89–29（f,e,k）。

Gli–1 composition is as follows: 1:Xiaoyan 6（o,h,i）; 2: Ji5099（o,h,i）; 3: Chinese spring（a,a,a）; 4: Aiximi No.3（m,l,g）; 5: Hereward（b,f,b）; 6: Zhengzi 8748（a,c,d）; 7: Shaanmai 893（f,e,i）; 8: Mianyang 89–47（l,l,a）; 9: GH67（b,f,a）; 10: Mianyang 89–29（f,e,k）.

Gli-1 基因位点控制的高分子量醇溶蛋白共出现 81 种以上基因图谱，出现频率 0.7%~5.0%, *Gli-A1*、*Gli-B1*、*Gli-D1* 位点各等位基因编码不同种类醇溶蛋白的频率详见表 6；1B/1R 易位系（*Gli-B1* 上的 l 基因）占 33.6%。

表 6　*Gli-1* 基因图谱及其频率（81 种谱带）

Table 6　*Gli-1* gene patterns and their frequencies（81 patterns）

Gli-A1	*Gli-B1*	*Gli-D1*	频率 Frequency (%)	*Gli-A1*	*Gli-B1*	*Gli-D1*	频率 Frequency (%)	*Gli-A1*	*Gli-B1*	*Gli-D1*	频率 Frequency (%)
a	l	f	1.4	new	d	a	0.7	a	f	l	2.1
a	l	i	2.1	m	s	g	0.7	b	f	f	0.7
a	l	b	0.7	f	s	i	0.7	b	f	b	1.4
b	l	i	0.7	b	h	a	1.4	new	f	i	0.7
b	l	d	0.7	a	h	g	1.4	o	new	i	2.1
b	l	a	7.8	o	h	i	2.8	new	new	g	0.7
b	l	g	2.1	f	h	i	2.1	o	g	l	0.7
f	l	g	0.7	f	h	b	0.7	a	g	f	0.7
f	l	l	1.4	a	h	a	1.4	b	g	l	1.4

续表

Gli-A1	*Gli-B1*	*Gli-D1*	频率 Frequency (%)	*Gli-A1*	*Gli-B1*	*Gli-D1*	频率 Frequency (%)	*Gli-A1*	*Gli-B1*	*Gli-D1*	频率 Frequency (%)
f	l	a	3.5	b	k	l	0.7	a	g	l	0.7
f	l	i	5.0	new	k	l	0.7	o	g	a	0.7
m	l	d	0.7	f	e	i	1.4	new	g	i	0.7
m	l	i	1.4	f	e	f	1.4	new	c	f	0.7
m	l	a	1.4	m	k	Ii	2.1	new	c	i	0.7
o	l	a	0.7	a	k	a	0.7	f	c	i	0.7
o	l	I	0.7	o	k	l	0.7	a	c	b	1.4
o	l	d	1.4	new	k	i	0.7	b	c	b	0.7
o	l	j	1.4	b	k	i	0.7	o	c	i	1.4
b	e	i	1.4	f	b	a	0.7	a	c	i	0.7
m	e	i	0.7	l	b	i	1.4	a	c	a	1.4
l	l	c	0.7	a	b	k	0.7	b	c	f	0.7
new	l	a	0.7	f	f	a	0.7	o	c	l	0.7
l	d	a	0.7	f	f	d	0.7	a	c	g	1.4
o	d	I	1.4	b	f	l	2.1	f	c	a	0.7
f	d	a	0.7	b	f	i	1.4	a	new	k	0.7
a	d	b	0.7	b	f	a	0.7	o	a	a	1.4
a	d	a	1.4	a	f	a	0.7	a	a	a	0.7

表 7　*Gli-1* 位点变异及其频率

Table 7　*Gli-1* allele variation and frequencies

Gli-A1	频率 Frequency(%)	*Gli-B1*	频率 Frequency(%)	*Gli-D1*	频率 Frequency(%)
a	21.3	a	2.1	a	29.8
b	24.8	b	2.8	b	5.7
f	19.9	c	12.1	c	0.7
m	7.1	d	5.7	d	3.5
l	2.8	e	4.3	f	4.3
o	16.3	f	11.3	g	7.1
new	7.1	g	5.0	i	34.8
		h	9.9	j	1.4
		k	6.4	k	1.4
		l	35.5	l	11.3
		s	1.4		
		new	3.5		

3. 讨论

辨读中发现即使高、低分子量谷蛋白亚基（*Glu-1* 和 *Glu-3*）和高分子量醇溶蛋白组成（*Gli-1*）完全一样，A-PAGE 和 SDS–PAGE 图谱中还有一些更低分子量部分组成不同。

141 份材料中检测到黑麦易位系占 35.5%（*Gli-B1* 位点 l 基因为 1B/1R 易位而来）。*Gli-1* 基因位点控制的高分子量醇溶蛋白变异和 *Glu-3* 基因位点控制的低分子量谷蛋白亚基变异远比 *Glu-1* 基因位点控制的高分子量谷蛋白亚基复杂和丰富，*Gli-1* 位点现发现了 7 个以上等位基因；1B 染色体长臂上的 *Glu-1* 位点发现了 7 个等位基因，而 1B 染色体短臂上的 *Glu-3* 位点现发现了 10 个以上等位基因，*Gli-1* 位点现发现了 12 个以上等位基因；1D 染色体长臂上的 *Glu-1* 位点发现了 4 个等位基因，1D 染色体短臂上的 *Glu-3* 位点现发现了 3 个等位基因，*Gli-1* 位点现发现了 10 个以上等位基因；在品种鉴别方法上辨读 SDS-PAGE 中 LMWgs 图谱中谱带变化和 A-PAGE 中醇溶蛋白图谱中谱带变化远比辨读 HMWgs 图谱中谱带变化有用，为用 A-PAGE 和 SDS-PAGE 鉴别品种提供了依据。

Glu-1、*Glu-3* 和 *Gli-1* 位点基因变异的共同特点，是 1B 染色体上控制品质变异等位基因最多，其次是 1D 染色体，1A 染色体上控制品质变异的等位基因最少。

References

[1] Payne P I, Lawrence G J. Catalogue of alleles for the complex gene loci, *Glu-A1*, *Glu-B1*, *Glu-D1* which code for high-molecular-weight subunits of glutenin in hexaploid wheat[J]. Cereal Res Commun, 1983（11）:29-35.

[2] Singh N K, Shepherd K W. The cumulative allelic variation in LMW and HMW glutenin subunits to physical dough properties in progeny of two bread wheat[J]. Theor Appl Genet, 1989a（77）:57-64.

[3] Labuschagne M T, Van Deventer C S. The effect of *Glu-B1* high molecular weight glutenin subunits on biscuit-making quality of wheat[J]. Euphytica, 1995（83）:193-197.

[4] Wang R（王瑞）, Ning K（宁锟）, Peňa R J. The correlation between high–molecular–weight

subunit compositions of some high-quality bread wheat and their hybrid progenies and bread-making quality[J]. Acta Agriculturae Boreali-occidentalis Sinica（西北农业学报）, 1995,4（4）:25-30.

[5] Pan X L（潘幸来）, Smith D B, Jackson E A. Diversity of *Glu-1*, *Glu-3* and *Gli-1* of 16 wheat cultivars bred in Huanghuai wheat Growing Region in China[J]. Acta Genet Sin（遗传学报）, 25（3）:252-258.

[6] Ma Chuanxi, Xu Feng. A comparative study of bread–making quality among Chinese wheat cultivars and those from those some other countries[J]. Cereal Res Commun,1997(2):149-153.

[7] Redelli R, Ng P K, Ward R W. Eletrophoretic Characterization of storage proteins of 37 Chinese landraces of wheat[J]. J Genet & Breed, 1997（51）:239-246.

[8] Payne P I, Jackson E A, Holt L M. Genetic linkage between endosperm protein genes on each of the short arms of chromosomes 1A and 1B in wheat[J]. Theor Appl Genet, 1984a（67）:235-243.

[9] Jackson E A, Holt L M, Payne P I. Characterization of high–molecular–weight gliadin and low–molecular-weight glutenin subunits of wheat endosperm by two-dimensional eletrophoresis and the chromosomal location of their controlling genes[J]. Theor Appl Genet, 1983（66）:29-37.

[10] Shepherd K W. Low–molecular–weight glutenin subunits in wheat: their variation, inheritance and relation with bread-making quality[C]//Proc 7th Int Genet Symp. Cambridge, England,1988:943-949.

[11] Gupta R B, Shepherd K W. Two step one–dimensional SDS–PAGE analysis of LAW subunits glutelin[J]. Theor Appl Genet, 1990（80）:65-74.

[12] Arangoa M A, Campanerct M A. Evaluation and characterization of Gliadin Nanob particle and isolates by Reversed-phase HPLC[J]. J Cereal Sci, 2000（31）:223-228.

[13] Hoefer Inc.. Protein Electrophoresis Applications Guide[M]. Hoefer Scientific Intruments,1994.

原载于《作物学报》2006，32（4）

18个优质小麦品种（系）*Glu-1*、*Glu-3* 和 *Gli-1* 位点的基因变异特点

王瑞[1]　张改生[1]　任志龙[1]　F J Zeller[2]　S L K Hsam[2]　王红[1]

（1. 西北农林科技大学农学院，陕西杨凌 712100；

2. 德国慕尼黑技术大学植物育种研究所，D 85350 Freising Weihenstephan）

摘要：为给小麦品质育种提供参考信息，故选用我国18份有影响的优质面条和面包小麦品种或种质资源，通过分步法SDS–PAGE和改良A–PAGE分析了其*Glu-1*、*Glu-3*、*Gli-1*位点的基因变异特点。结果表明，由*Glu-1*位点控制的高分子量谷蛋白亚基共14种图谱，其中，*Glu-A1*位点上优质亚基1和2*分别占61.1%和11.1%，*Glu-B1*位点上优质亚基14+ 15、7+8、17+ 18、13+16分别占27.8%、27.80%、22.2%、5.6%，*Glu-A1*位点上优质亚基5+10占55.6%。*Glu-A1*、*Glu-B1*、*Glu-D1*位点上均为优质亚基的品种（系）有陕451（1，7+8，5+10）、95鉴5104（1，14+15，5+10）、陕优412（2*，7+8，5+10）、绵阳89–47（2*，13+16，5+10）以及中优16、冀5099、绵优1号、绵优2号（1，17+18，5+10），占参试品种的44.40%。由*Glu-3*位点控制的低分子量谷蛋白亚基共12种图谱，小偃6号、PH82–2、陕253、80356、95鉴5104、郑农33等6个品种皆为“a,d,c”；由*Gli-1*位点控制的醇溶蛋白共12种图谱，小偃6号、PH82–2、陕优225、陕253、80356、中优16、95鉴5104等7个品种皆为“o,new,i”，即发现在*Gli-B1*位点是一个新等位基因。

关键词：小麦；*Glu-1*；*Glu-3*；*Gli-1*；基因组成

Characterization of *Glu-1 Glu-3* and *Gli-1* Alleleic Variation of Storage Protein in 18 Quality Wheat Cultivars of China

Wang Rui[1] Zhang Gaisheng[1] Ren Zhilong[1] F J Zeller[2] S L K Hsam[2] Wang Hongl
（1.College of Agronomy, Northwest A & F University, Yangling. Shaanxi 712100 China;
2. Plant Breeding Institute. Technical University of Munich D-85350 Freising Weihenstephan, Germany）

Abstract: The banding patterns of HMW GS, LMW GS and HMW gliadins of 18 quality wheat cultivars （lines） were analyzed using two step SDS-PAGE and a modified A-PACE to provide information for wheat quality breeding. 14 HWM-GS band patterns were encoded by *Glu-1* locus, 61. 1% and 11.1% of them were 1 and 2* in *Glu-A1*, 27.8%, 27.8%, 22.2% and 5.6% of them were 14+15, 7+8, 17+18, 13+16 in *Glu-B1*, 55.6% of them were 5+10 in *Glu-D1*, respectively. Cultivars with positive subunits in all three *Glu-1* locus are Shaan 451（1, 7+8, 5+10）, 95Jian5104（1, 14+15, 5+10）, Shaanyou 412（2*,7+8, 5+10）, Mianyang89-47（2*,13+16,5+10）, Zhongyou16, Ji5099,Mianyou 1 and Mianyou 2（1,17+18,5+10）, and were about 44.4% of the tested cultivars. 12 LMW-GS band patterns were encoded by *Glu-3* locus. The patterns of 6 Cultivars of Xiaoyan 6,PH82-2, Shaan 253, 80356, 95Jian5104 and Zhengnong 33 were the same （a,d,c） at *Glu-1*. 12 HMW gliadin band patterns were encoded by *Gli-1* locus, the patterns of 7 Cultivars of Xiaoyan 6,PH 82-2, Shaanyou 225, Shaan 253, 80356, Zhongyou 16 and 95Jian5104 were the same (o,new,i),two new patterns at *Gli-B1* locus were discovered which were different from the linked pattern h of dencoded by *Glu-B3* of other cultivars.

Key words: High quality wheat; *Glu-1*; *Glu-3*; *Gli-1*; Gene Variation

小麦籽粒中不溶性谷蛋白和醇溶蛋白的组成、含量及二者比例决定着小麦加工产品的类型和质量。我国一些有影响的优质小麦品种如小偃 6 号、陕优 225、PH82-2、绵阳 19 等适合加工面包、面条，具有弹韧性好、易拉、耐煮、不混汤、适口性佳等特点，这与它们特有的谷蛋白和醇溶蛋白的组成有密切关系[1-4]。

目前对于这些品种的高分子量谷蛋白亚基（HMW-GS，由 *Glu-1* 位点控制，可用 SDS-PAGE 标定）研究较多，而对其低分子量谷蛋白亚基（LMW-GS，由 *Glu-3* 位点控制）和高分子量醇溶蛋白（由 *Gli-1* 位点控制）知之较少[4-7]，原因在于编码此二者的基因共同位于小麦同源群 1 染色体的短臂上且紧密连锁[8,9]，编码蛋白质的分子量接近，在 SDS-PAGE 图谱中高度重叠，尤其是 LMW-GS 谱带多，难以分离辨读[9,10]。本研究采用 Gupta 等[11,12]的分步法首先剔除掉麦粉中的醇溶蛋白，从而提取到单纯的谷蛋白，再用 SDS-PAGE 分析高、低分子量谷蛋白亚基组成，可有效地辨读 LMW-GS，再配合改良的 A-PAGE 方法[12,13]，深入地研究了一些优质小麦品种高、低分子量谷蛋白和醇溶蛋白组成特点，以期为小麦育种中组合配置、后代筛选和加工中设计配方提供参考信息。

1. 材料与方法

1.1 材料

试验材料为公认的优质小麦品种小偃 6 号、陕优 225、PH82–2 、绵阳 19、陕 253、阎麦 8911 以及重要的资源材料中优 16、郑农 33、宛 798、陕 451、陕优 412、80356 和冀 5099 等（具体见表 1）。

1.2 方法

1.2.1 高分子量醇溶蛋白遗传组成分析采用 A–PAGE 电泳，参考 Jackson E. A. 提出的位点图谱[9]，依据 20 个标准品种的 A–PAGE 图谱[12]进行辨读。

1.2.2 高、低分子量谷蛋白亚基组成分析采用 Gupta 分步法 SDS–PAGE 进行，按照 20 个标准品种的图谱进行辨读[9,12]。

2. 结果

2.1 *Glu–1* 位点控制的 HMW–GS 组成及变异特点

18 份材料中共检测到 14 种 HMW–GS 组成（表 1、图 1），其中，*Glu-A1* 位点上优质亚基 1 和 2* 分别占 61.1% 和 11.1%，*Glu-B1* 位点上优质亚基 14+15、7+8、17+18、13+16 分别占 27.8%、27.8%、22.2%、5.6%，*Glu-D1* 位点上优质亚基 5+10 占 55.6%。*Glu-A1*、*Glu-B1*、*Glu-D1* 位点上均为优质亚基的品种（系）有陕 451（1, 7+8, 5+10），95 鉴 5104（1, 14+15, 5+10）、陕优

412（2, 7+8, 5+10）、绵阳 89–47（2, 13+16, 5+10）、中优 16、冀 5099、绵优 1 号、绵优 2 号（1, 17+18, 5+10），占参试品种的 44.4%；两个位点上有优质亚基的品种（系）为小偃 6 号、陕优 225、陕 253、绵阳 19 和陕旱 8675，占 27.8%；仅一个位点上有优质亚基的品种（系）为 PH82–2、80356、郑农 33 和 9042，占 22.2%；三个位点上均无优质亚基的品种（系）只有宛 798 一个，占 5.6%。一般品种的常见 HMW–GS 组成为“N, 7+8, 2+12”和“N, 7+9, 2+12”[13]，而 18 个优质品种（系）中这两种亚基组成出现的频率仅各为 5%。

2.2 *Glu–3* 位点控制的 LMW–GS 组成及变异特点

18 份材料中共出现 12 种 LMW–GS 图谱（表 1、图 1），小偃 6 号、PH82–2、陕 253、80356、95 鉴 5104、郑农 33 等 6 个品种皆为“a，d，c”；陕优 412 和绵阳 89–47 的 *Glu-B3* 位点编码 i（无谱带，来源于 1B/1R 易位系）；绵阳 19 的 LMW-GS 组成为“a，b，a”，谱带相对少，其面条制品为何具有筋力好、耐泡等特点有待进一步研究。

2.3 *Gli–1* 位点控制的 HMW 醇溶蛋白组成及变异特点

18 份材料中共检测到 12 种醇溶蛋白图谱，小偃 6 号、PH 82–2、陕优 225、陕 253、80356、中优 16、95 鉴 5104 等 7 个品种皆为“o，new，i”，但 95 鉴 5104 *Gli-B1* 位点等位基因编码的谱带区别于其他 6 个品种，这 7 个品种 *Gli-B1* 位点发现是两个新等位基因，其图谱区别于 *Glu-B3* 等位基因 d 的连锁基因 h；还检测到陕优 412 的 *Gli-A1* 位点基因编码的是一个新发现的 HMW 醇溶蛋白组成；有 4 份材料其 *Gli-B1* 位点基因编码醇溶蛋白 l（来源于 1B/1R 易位系），它们分别是陕优 412、陕 451、绵阳 89–47 和 9042（表 1、图 2）。

表 1 18 个优质小麦品种（系）的 HMW GS LMW GS 及高分子量（HMW）醇溶蛋白组成
Table 1 The HMW GS LMW GS and HMW gliadin compositions of 18 quality wheat cultivars

序号 Code	品种 Cultivars	*Glu-A1*	*Glu-B1*	*Glu-D1*	*Glu-A3*	*Glu-B3*	*Glu-D3*	*Gli-A1*	*Gli-B1*	*Gli-D1*
1	小偃 6 号 Xiaoyan 6	1	14+15	2+12	a	d	c	o	new1	i
2	陕优 225 Shaanyou 225	1	14+15	2+12	d	d	c	o	new1	i

续表

序号 Code	品种 Cultivars	*Glu-A1*	*Glu-B1*	*Glu-D1*	*Glu-A3*	*Glu-B3*	*Glu-D3*	*Gli-A1*	*Gli-B1*	*Gli-D1*
3	PH82–2	N	14+15	2+12	a	d	c	o	new1	i
4	陕 253 Shaan 253	1	7+9	5+10	a	d	c	o	new1	i
5	80356	N	14+15	2+12	a	d	c	o	new1	i
6	中优 16 Zhongyou 16	1	17+18	5+10	d	h	c	o	new1	i
7	95 鉴 5104 95 Jian 5104	1	14+15	5+10	a	d	c	o	new2	i
8	郑农 33 Zhengnong 33	1	7+9	2+12	a	d	c	b	e	b
9	陕优 412 Shaannong 412	2*	7+8	5+10	f	j	a	new	l	g
10	宛 798 Wan 798	N	7+9	2+12	d	g	c	o	e	i
11	冀 5099 Ji 5099	1	17+18	5+10	f	e	c	o	h	i
12	绵阳 19 Mianyang 19	N	7+8	5+10	a	b	a	a	h	k
13	陕 451 Shaan 451	1	7+8	5+10	f	d	c	f	l	a
14	绵阳 89–47 Mianyang 8947	2*	13+16	5+10	e	j	a	l	l	a
15	陕旱 8675 Shaanhan 8675	1	7+8	2+12	c	d	a	a	h	g
16	绵优 2 号 Mianyou 2	1	17+18	5+10	d	g	b	o	a	a
17	绵优 1 号 Mianyou1	1	17+18	5+10	d	g	b	o	a	a
18	9042	N	7+8	2+12	d	i	c	o	l	i
19	中国春 Chinese Spring(CK)	N	7+8	2+12	a	a	a	a	a	a

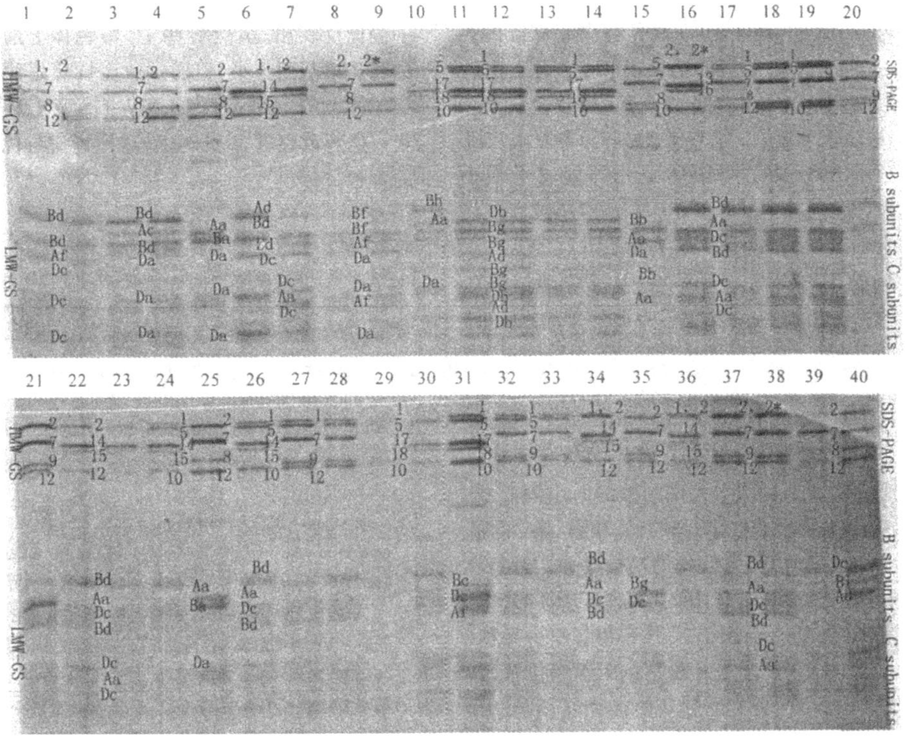

1，2. 陕 451；3，4. 陕旱 8675；5. 中国春；6，7. 陕优 225；8，9. 陕优 412，11，12. 绵优 2 号；13，14. 绵优 1 号；15. 绵阳 19；18，19. 陕 253；21，35. 宛 798；22，23. 80356；24，26. 95 鉴 5104；29. 中优 16；31. 冀 5099；34，36. 小偃 6 号；37，38. 郑农 33；39. 9042.

1，2. Shaan 451；3，4. Shaanhan 8675；5.Chinese spring；6，7. Shaanyou 225；8，9. Shaanyou 412；11，12. Mianyou 2；13，14. Mianyou 1；15. Miangyang 19；18，19. Shaan 253；21，35. 宛 798；22，23. 80356；24，26. 95Jian 5104；29. Zhongyou16；31. Ji 5099；34，36. Xiaoyan 6；37，38. Zhengnong 33；39. 9042

图 1　一些优质小麦品种的 SDS PAGE 图谱中 *Glu-1.Glu-3* 位点编码的高、低分子量谷蛋白亚基组成

Fig.1　The SDS- PAGE patterns and HMW–GS, LMW–GS compositions of some quality wheat Cultivars in China

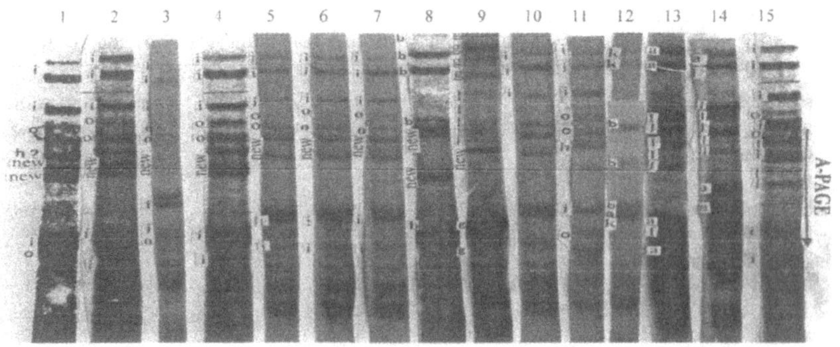

1. 小偃 6 号; 2. 陕优 225; 3.PH82-2; 4. 陕 253; 5. 80356; 6. 中优 16; 7. 95 鉴 5104; 8. 郑农 33; 9. 陕优 412; 10. 宛 798; 11. 冀 5099; 12 绵阳 19; 13. 陕 451; 14. 绵阳 89-47; 15. 9042

1. Xiaoyan 6; 2.Shaanyou 225; 3. PH 82 2; 4. Shaan 253; 5. 80356; 6. Zhongyou 16; 7. 95Jian5104; 8.Zhengnong 33; 9.Shaanyou412; 10.Wan 798; 11. Ji5099; 12. Mianyang 19; 13.Shaan 451; 14.Mianyang 8947; 15. 9042.

图 2 一些优质小麦品种的 A-PAGE 图谱及 *Gli-1* 位点编码的高分子量醇溶蛋白组成

Fig.2 The A–PAGE patterns and HMW gliadin compositions of some quality wheat Cultivars in China

3. 讨论

按照 Payne 的 HMW–GS 评分标准[1] 和 Payne、Jackson 等[1-9] 的研究结果，*Glu-A1* 位点上的 1 和 2*、*Glu-B1* 位点上的 14+15、7+8、17+18、13+16 以及 *Glu-D1* 位点上的 5+10 为优质亚基。分析结果表明，本研究所选用的 18 个优质小麦品种（系）中，*Glu-A1*、*Glu-B1*、*Glu-D1* 位点上均为优质亚基的品种（系）有陕 451（1, 7+8, 5+10）、95 鉴 5104（1, 14+15, 5+10）、陕优 412（2, 7-1-8, 5+10）、绵阳 89–47（2+, 13+16, 5+10）以及中优 16、冀 5099、绵优 1 号、绵优 2 号（1, 17+18, 5+10），占参试品种的 44.40%。小偃 6 号、PH 82–2、陕 253、80356、95 鉴 5104、郑农 33、陕 451 等 7 个品种 *Glu-B3* 位点编码的低分子量谷蛋白亚基皆为 d，区别于大宗品种的 j，小偃 6 号、PH 82–2、陕优 225、陕 253、80356、中优 16、95 鉴 5104 等 7 个品种 *Gli-1* 编码的高分子量（HMW）醇溶蛋白为一新型图谱，其中 95 鉴 5104 *Glu-B1* 位点编码的醇溶蛋白图谱区别于其他 6 个品种，这 7 个品种 *Gli-B1* 位点发现是两个新等位基因，其图谱区别于 *Glu-B3* 位点 d 的连锁基因 h。我国这些优质小麦品种的优良加工品质特性除了得益于 1B 染色体上的 HMW-GS 14+15 外，是否还得益于 LMW-

GS“d”和HMW醇溶蛋白“new”的组成或其配合协调，目前还未见到报道，有待于用等位基因系做比对试验进一步验证。18份优质小麦材料中检测到黑麦易位系占22%（*Glu-B3*位点的j亚基和*Gli-B1*位点的l亚基为1B/1R易位而来），明显低于一般品种的33.60%[13]。这从另一侧面反映出，虽然有些1B染色体上的抗病基因和劣质基因连锁，但通过改变抗病品种1A、1D染色体上的HMW-GS、LMW-GS及HMW醇溶蛋白组成改良其品质，可以达到抗病与优质兼顾的育种目标。

参 考 文 献

[1] Payne P I,Lawrence G J. Catalogue of alleles for the complex gene loci,*Glu-A1*, *Glu-B1*, *Glu-D1* which code for high molecular weight subunits of glutenin in hex aploid wheat[J]. Cereal Res Commun, 1983（11）：29-35.

[2] Singh N K,Shepherd K W. The cumulative allelic：variationin LMW and HMW glutenin subunits to physical dough properties in progeny of two bread wheat[J]. Theor Appl Genet, 1989a,77：57-64.

[3]Labuschagne M T,van Deventer C S.The effect of Glu-B1 high molecular weight glutenin subunits on biscuit-making quality of wheat[J].Euphytica 1995, 83：193-197.

[4] 王瑞，宁锟，Peña R J. 一些优质小麦及其杂种后代高分子量谷蛋白亚基组成与品质关系 [J]. 西北农业学报，1995,4（4）：25-30.

[5] 潘幸来，Smith D B，Jackson E A. 黄淮麦区16个小麦品种Glu l, Glu-3和Gli 1位点基因多样性 [J]. 遗传学报，1998,25（3：252-258.

[6]Ma Chuanxi. Xu Feng. A comparative study of bread making quality among Chinese wheat cultivars and those from those some other countries[J]. Cereal Res Commun. 1997.2：149-153.

[7]Redelli R, Ng P K, Ward RW. Eletrophoretic Characterization of storage proteins of 37 Chinese land races of wheat [J].J Genet & Breed, 1997, 51：239-246.

[8]Payne P I, Jackson E A, Holt L M, Law C N, Genetic linkage between endosperm protein genes on each of the short arms of chromosomes 1A and 1B in wheat[J]. Theor Appl Genet, 1984a, 67：235-243.

[9]Jackson E A, Holt L M, Payne P I. Characterization of high molecular weight gliadin and low

molecular weight glutenin subunits of wheat endosperm by two dimensional electrophoresis and the chromosomal location of their controlling genes [J]. Theor Appl Genet, 1983,66：29-37.

[10] Shepherd K W. Low–molecular–weight glutenin subunits in wheat: their variation, inberitance and relation with bread making quality[M]// Proc 7th Int Gent Symp. Cambridge,England, 1988：943-949.

[11] Gupta R B, Shepherd K W. Two step one–dimensional SDS–PAGE analysis of LAW subunits glutenin[J]. Theor Appl Genet, 1990,80：65-74.

[12] 王瑞，张改生，Zeller F J, 等 . 小麦低分子量谷蛋白（*Glu-3*）亚基及高分子量醇溶蛋白（Gli 1）的分离图谱辨读方法 [J]. 西北农业学报，2006，15（1）：144-147，151.

[13] 王瑞，张改生，Zeller F J, 等 . 小麦资源胚乳蛋白 *Glu-1*、*Glu-3*、Gli 基因位点变异的特点 [J]. 作物学报，2006，32（4）：625-629.

原载于《麦类作物学报》2006.26（5）

小麦不同阶段产品品质性状的变异性与品种及种植环境的关系

王瑞[1] 张永科[1] 孔令让[2] 胡希远[1]
（1. 西北农林科技大学农学院，杨凌 712100；2. 山东农业大学农学院，泰安 271000）

摘要：为给小麦籽粒、面粉和面团三个不同阶段产品品质性状的改良提供依据，以 48 个小麦稳定品系为试验材料，在陕西关中高肥区和中肥区不同年份种植下，研究了小麦品种籽粒、面粉和面团的 12 个品质性状在品种间和环境间的变异性及其性状间的关系。结果表明，在品种间，籽粒、面粉和面团分别以蛋白质含量、沉降值和最大抗延伸阻力性状的变异系数最大，而在环境间，籽粒、面粉和面团性状则分别以硬度、沉降值和拉伸面积变异系数最大。因此，可分别通过品种改良和环境改变（包括生产地和栽培管理措施）改良这些变异性大的性状来改善小麦的品质。性状变异大小在不同产品阶段和条件下表现为：面团 > 面粉 > 籽粒，品种间 > 环境间，且大部分性状在品种间和环境间的差异达极显著水平。说明小麦品质的改良首先要考虑品种因素，同时也要考虑种植环境的影响。粒湿度与面粉和面团的大部分性状负相关，籽粒硬度与面粉性状指标正相关，但对面团性状指标相关不显著，籽粒容重对面粉和面团性状影响少而小，籽粒蛋白质含量对面粉和面团的多个指标都有正向作用。面粉面筋含量和面粉沉降值对面团延展性、断裂时间、稳定时间、形成时间和拉伸面积均有显著的正向作用。面粉吸水率仅对面团延展性有显著正向作用，籽粒对面团品质指标的决定系数为 10.85 ～ 51.79，面粉对面团品质指标的决定系数为 61.84 ～ 87.3，说明面粉品质比籽粒品质对面团品质影响作用更大。

关键词：小麦品种；种植环境；品质；变异性

The Variability of Quality Characters in Different Product Stages by Wheat Varieties and Planted Environments

Wang Rui[1] Zhang Yongke[1] Kong Lingrang[2] Hu Xiyuan[1]
（1 Academy of Agronomy，Northwest A&F University,Yangling, Shaanxi,postcode 712100;
2 Shandong University of Agriculture, Tai'an, Shandong 271000）

Abstract: To provide the basis for improving quality of wheat in different product stages, wheat kernel, flour and dough， the variability of these quality of 48 wheat lines from the same combination of 5114 and Yanzhan 1 were analyzed ,which planted respectively in Doukou test station and Yangling test farm of Northwest University in 2015 and 2016. The results show that the coefficient of variation of the protein content, sedimentation value, Ma Resistance was more than other quality characters. Caused by wheat varieties, the coefficient of variation of wheat hardness, sedimentation value, stretch area was more than other quality characters caused by wheat production environments including soil and climatic factors. The variability of quality characters is as follows: dough ＞ flour ＞ kernel, varieties ＞ environments, and most of them were significantly different. These results indicate: varieties is superior to environments planted for wheat quality improvement. The protein content, gluten content, sedimentation value has positive correlation significantly to Dough Tractility, Maximum resistance ,Stability time, Development time and Stretch area, which decide quality of noodles et al. Absorption has only positive correlation significantly to Dough Tractility. The determination coefficient of wheat kernel to dough quality parameter is 10.85 ～ 51.79, the determination coefficient of flour is 61.84 ～ 87.3.

Key words: Wheat varieties；Environments；Quality；Variability

小麦是我国乃至世界上最重要的粮食作物之一。由小麦生产的食品丰富多样，在我国居民生活中具有极其重要的作用。随着人们生活水平的提高，对小麦的品质也提出了新的要求[1-2]。小麦品质的改良以及产品品质的改进已成为我国小麦品质育种和加工工艺研究的重要内容。小麦品质包括籽粒品质，面粉品质、面团流变学品质和营养品质等[3-6]。对小麦籽粒性状、面粉性状以及面团性状的变异以及它们之间相互关系的系统分析，有助于控制这些性状的变化和掌握性状之间的关系，通过相关性状的选择则有助于提高品质性状的选择效率和加速优质小麦育种的进程[7]。

近年来，关于小麦品质性状的变异性和相关性问题虽已有研究报道[8-11]，但其中涉及的多是小麦部分品质性状在特定种植环境下的研究结果，在品质性状关系的研究中也基本没有按照小麦籽粒、面粉、面团和食品形成的先后顺序给予预测效果的研究。本研究选用不同小麦品种在多个种植环境下所取得的材料，测定其籽粒、面粉和面团三个阶段的品质性状，探讨小麦不同品质性状分别在品种间和环境间的变异程度，并按照产品形成的顺序研究其前后产品间品质性状的关系，以期为小麦品种籽粒、面粉和面团品质的改良提供理论依据。

1. 材料与方法

1.1 试验材料和设计

两个来源于远缘杂交后代的亲本杂交，母本为偃展 1 号，父本为 5114。在其 F_1—F_2 代选择保持其分离范围和类型的具有不同性状特征的多个稳定系，这些品系类型丰富，尤其是品质性状涵盖多种类型种质资源。参试材料分别于 2014 年和 2015 年种植于西北农林科技大学三原斗口农作物试验站 (关中小麦高肥区) 和杨凌北校区试验农场 (关中小麦中肥区), 等行距点播 , 行距 25 cm, 行长 2 m，两行一个品种 , 栽培管理同大田规范。

测定多种重要品质性状 (湿面筋含量、面团稳定时间、Zel 沉淀值、蛋白质含量、容重、吸水率、籽粒硬度、衰化度 BU 和延展性)。测量仪器与设备：凯氏定氮仪、粉质仪、沉降值测定仪、漩涡混合器、小麦容重器等。

测量项目：蛋白质含量、吸水率、Zel 沉淀值、籽粒硬度、湿面筋含量、容重、稳定时间和衰化度 BU。

测量方法：用凯氏定氮仪测定小麦面粉蛋白质；Zeleny 试验测定沉降值与一定量的小麦面粉在弱有机酸的作用下的沉降体积；手洗法测定小麦面粉湿面筋含量；小麦容重器测定小麦容重；粉质仪绘出粉质曲线 , 从粉质曲线上得到各种特征值 (吸水率、稳定时间、衰化度等)；近红外仪器法测籽粒硬度。

2. 结果与分析

2.1 籽粒、面粉和面团性状在品种间和环境间的变异性

所测定小麦有关品质性状变异的指标汇总于表 1。从该表中各品质性状的变异系数可知，无论小麦籽粒还是面粉和面团性状的指标，在品种间和环境间均有一定变化，但各品质性状的变异系数大小有明显不同。籽粒、面粉和面团性状在品种间的变异系数范围分别为 1.42 ～ 6.95、4.52 ～ 11.49 和 8.07 ～ 33.91，在环境间的变异系数范围分别为 0.96 ～ 8.91、2.90 ～ 6.43 和 2.84 ～ 15.49。就品质性状在不同产品阶段来看，无论品种间还是环境间，面团性状变异最大，面粉次之，籽粒品质变异最小。若就品质性状变异在品种间和环境间的表现来看，除籽粒硬度外，所有品质性状的变异系数在品种间大于环境间。就各产品阶段内不同性状的变异大小来看，在籽粒阶段品质中，品种间蛋白质含量变异系数最大，环境间硬度变异系数最大；在面粉阶段中，品种间和环境间均是沉降值变异系数最大；在面团阶段品质中，品种间断裂时间变异系数最大，而环境间则拉伸面积变异系数最大。

表 1 冬小麦不同品质性状在品种间和环境间的变异性

Table 1 Variation of winter wheat quality trait between varieties as well as environments

产品 Product	品质性状 Quality trait	品种间 Between varieties			环境间 Between environments		
		平均值 Average	变幅 Range	变异系数 V.C	平均值 Average	变幅 Range	变异系数 V.C
籽粒 Grain	湿度 /%	11.48	11.04~12.07	1.48	11.48	11.40~11.60	0.96
	硬度 /HB	88.16	62.18~100.21	6.49	88.21	79.90~95.54	8.91
	容重 /g·L^{-1}	772.18	745.33~800.33	1.42	772.20	761.48~778.83	1.21
	蛋白含 /%	14.68	11.89~16.68	6.95	11.69	14.37~15.21	3.93
面粉 Flour	吸水率 /%	66.54	54.83~73.43	4.52	66.56	64.34~67.74	2.90
	沉降值 /s	40.20	26.53~52.53	11.49	40.25	38.50~43.23	6.43
	湿面筋含量 %	30.57	22.86~34.84	7.33	30.59	29.72~32.18	4.51

续表

产品 Product	品质性状 Quality trait	品种间 Between varieties			环境间 Between environments		
		平均值 Average	变幅 Range	变异系数 V.C	平均值 Average	变幅 Range	变异系数 V.C
面团 Dough	延展性 /mm	165.19	130.10~200.47	8.07	165.31	160.66~174.32	4.72
	断裂时间 /min	251.08	65.67~526.33	37.45	251.24	225.21~272.94	9.60
	稳定时间 /min	7.38	5.77~10.33	12.20	7.39	7.26~7.63	2.84
	形成时间 /min	3.33	2.03~5.23	21.32	3.33	3.10~3.63	8.11
	拉伸面积 /cm^2	58.03	16.33~123.0	33.91	58.10	50.80~68.16	15.49

为了进一步验证小麦各产品品质性状在品种间和环境间变异的特征，对各性状表现进行了 F 测验，测验结果见表 2。从该结果可以看出，除了面团稳定时间在环境间差异未达显著水平（P 值 =0.0840 > 0.05）外，籽粒硬度在品种间差异（P 值 =0.0120）和面团断裂时间在环境间差异（P 值 =0.0338）达到显著水平（P 值小于 0.05 但大于 0.01），其余品质性状在品种间差异和环境间差异均达到极显著水平（P 值小于 0.01）。此结果说明，除个别品质性状外，小麦籽粒、面粉和面团等三种产品的品质性状在品种间其环境间的差异均有具有统计学意义。

表 2 小麦不同品质性状在环境间和环境间差异的 F 测验结果

Table 2 F-test of winter wheat quality trait difference under varieties and environments

产品 Product	性状	品种间		环境间	
		F 值	P 值	F 值	P 值
籽粒 Grain	湿度 /%	1.80	0.0007	20.83	<0.0001
	硬度 /HB	1.52	0.0120	80.52	<0.0001
	容重 /g · L^{-1}	1.93	0.0002	40.48	<0.0001
	蛋白质含量 /%	3.33	<0.0001	19.84	<0.0001
面粉 Flour	吸水率 /%	1.65	0.0034	18.81	<0.0001
	沉降值	2.35	<0.0001	29.32	<0.0001
	湿面筋含量 /%	3.01	<0.0001	32.95	<0.0001

续表

产品 Product	性状	品种间		环境间	
		F 值	P 值	F 值	P 值
面团 Dough	延展性 /mm	3.83	<0.0001	36.77	<0.0001
	断裂时间 /min	1.97	0.0001	3.46	0.0338
	稳定时间 /min	1.75	0.0012	2.52	0.0840
	形成时间 /min	1.89	0.0003	7.62	0.0007
	拉伸面积 /cm^2	2.25	<0.0001	12.7	<0.0001

2.2 籽粒、面粉和面团性状间的相关性

表 3 为小麦籽粒与面粉和面团性状间的相关系数计算结果。由该表可知，籽粒湿度与面粉中面筋含量、吸水率和沉降值都显著负相关，与面团中延展性和稳定时间极显著负相关，与面团形成时间显著负相关。籽粒硬度与面粉的吸水率和沉降值呈显著正相关，与面粉面筋含量以及面团中断裂时间、稳定时间和拉伸面积相关性不显著。说明籽粒湿度对面粉和面团特性有较大的影响。籽粒容重仅与面团延展性和稳定时间分别为极显著正相关和显著负相关，而与面粉三个品质性状及面团另外三个品质性状相关性不显著。籽粒中蛋白质含量与面粉中面筋含量沉降值以及面团的断裂时间、稳定时间和形成时间极显著正相关，而与面粉吸水率及面团延展性和拉伸面积相关不显著。此结果说明，籽粒性状对面粉和面团性状均有一定关系，但籽粒各性状对面粉性状的关系比对面团性状的关系更紧密。对面粉品质，籽粒湿度、硬度和蛋白质含量都有较大影响，容重影响小; 对面团品质，籽粒蛋白质含量和湿度影响较大，容重和硬度影响小。籽粒湿度大时，面粉和面团的性状指标会减小，籽粒蛋白质含量高时则面粉和面团的性状指标将增大。

表 4 为小麦面粉品质性状和面团品质性状间的相关系数计算结果。由该表可知，面粉面筋含量对面粉延展性、断裂时间、稳定时间、形成时间和拉伸面积等五个指标均呈显著或极显著正相关，面粉吸水率仅与面团延展性极显著正相关而与其他四个性状相关不显著，面粉沉降值与面团的五个性状均极显著正相关。此结果说明，面粉面筋含量和沉降值是影响面团性状的重要因素，面粉吸水率主要影响到面团的延展性。面粉这些品质性状指标值越高，则面团有关品质指标值也越高。如果将表 3 中籽粒性状和面团性相关系数与表 4 中面粉性状和面团相关系数予以对比，可发现这样的现象：前者相关系数的绝对值大部

分要比后者相关系数的绝对值大。这可粗略说明，面粉的品质性状较籽粒的品质性状对面团品质性状影响更大。

表 3 小麦面粉和面团性状与籽粒性状的相关系数

Table 3 Trait correlation coefficients of flour and dough to grain

子粒性状	面粉性状			面团性状				
	面筋含量	吸水率	沉降值	延展性	断裂时间	稳定时间	形成时间	拉伸面积
湿度	-0.334**	-0.4476**	-0.2621*	-0.4243**	-0.0830	-0.2814**	-0.2488*	-0.1900
硬度	0.0483	0.8573**	0.3191**	0.4181	0.1137	-0.0206	-0.1242	0.1698
容重	0.1124	0.1513	-0.0048	0.2648**	0.0278	-0.2256*	0.1109	0.1356
蛋白质含量	0.9706**	0.1511	0.5807**	0.7823	0.3063**	0.2808**	0.6734**	0.3702

** 表示相关系数达到极显著水平 (α=0.01)，* 表示达到显著水平 (α=0.05)。下表同。

表 4 小麦面粉和面团性状的相关系数

Table 4 Trait correlation coefficients between flour and dough

	延展性	断裂时间	稳定时间	形成时间	拉伸面积
面筋含量	0.7351**	0.2556*	0.2700*	0.7173**	0.3491**
吸水率	0.4746**	0.0956	-0.1107	-0.1352	0.1430
沉降值	0.8068**	0.8028**	0.7201**	0.6390**	0.8039**

2.3 籽粒、面粉和面团性状间的回归

前述相关分析只能了解籽粒、面粉和面团单个性状间相关关系的大小和性质，为了进一步了解小麦前阶段产品各性状综合对后阶段产品性状的影响状况，在此进行了面团性状分别对面粉和籽粒性状以及面粉性状对籽粒性状的回归分析。若以 x_1、x_2、x_3 和 x_4 分别代表籽粒的湿度、硬度、容重和蛋白质含量性状，以 y_1、y_2 和 y_3 分别代表面粉面筋含量、吸水率和沉降值性状，以 z_1、z_2、z_3、z_4 和 z_5 分别代表面团延展性、断裂时间、稳定时间、形成时间和拉伸面积性状，则可得回归方程、决定系数（R^2）、回归测验 F- 值和 P- 值如表 5 所示。从该表可知，除了面团断裂时间对籽粒性状的回归方程不显著 (F- 值 =0.0567 大于 0.05) 以外，其余的回归方程都达到极显著水平 (F- 值小于 0.01)。此结果一方面进一步证明了前述籽粒、面粉和面团性状间相关性的存在，另一方面说明，小麦后阶段产品的性状特性可以在一定程度上用前阶段产品性表现予以预测。

各回归方程决定系数大小的差异，说明自变量对因变量预测的准确性的不同。例如，面粉面筋含量性状（y_1）对籽粒性状（x_1 ～ x_4）的回归的决定系数 R^2 最大，达到 0.9495，说明后者对前者预测的准确性可达到 94.95%。同理，籽粒性状（x_1 ～ x_4）对面团延展性（z_1）预测的准确性可达 78.85%（R^2=0.7885），面粉性状（y_1 ～ y_3）对面团延展性（z_1）预测的准确性可达 87.36%（R^2=0.8736）。

如果将面团性状（z_1 ～ z_5）对面粉性状（y_1 ～ y_3）回归的决定系数与面团延展性性状（z_1 ～ z_5）对籽粒性状（x_1 ～ x_4）回归决定系数予以比较，可以看出前者的决定系数普遍高于后者对应的决定系数。此结果表明，若要对面团性状进行预测，利用面粉性状比利用籽粒性状预测更准确。此结果与前述面团与面粉性状相关系数绝对值多数大于面团与籽粒性状相关系数绝对值的结果是相一致的。

表 5　面团对面粉和籽粒以及面粉对籽粒的性状回归结果

Table 5　Trait regression results of dough to flour and grain as well as flour to grain

	回归方程	R^2	F- 值	P- 值
面团性状对面粉性状的回归	z_1=−59.18+2.60y_1+1.28y_2+1.49y_3	0.8736	184.35	< 0.001
	z_2=−29.41−8.37y_1−3.37y_2+18.92y_3	0.6854	58.09	< 0.001
	z_3=8.26−0.05y_1−0.09y_2+0.17y_3	0.6184	43.21	< 0.001
	z_4=0.36+0.17y_1−0.08y_2+0.07y_3	0.7120	65.93	< 0.001
	z_5=−42.79−0.66y_1−0.38y_2+3.65y_3	0.6538	50.36	< 0.001
面团性状对籽粒性状的回归	z_1=−49.17−14.25x_1+9.15x_2+0.24x_3+0.64x_4	0.7858	72.47	< 0.001
	z_2=−580.57+50.97x_1+30.70x_2−0.53x_3+2.33x_4	0.1085	2.40	0.0567
	z_3=−49.17−14.25x_1+9.15x_2+0.24x_3+0.64x_4	0.1636	3.86	0.0064
	z_4=3.46−1.04x_1+0.42x_2+0.01x_3−0.04x_4	0.5179	21.22	< 0.001
	z_5=−49.17−14.25x_1+9.15x_2+0.24x_3+0.64x_4	0.1698	4.04	0.0049
面粉性状对籽粒性状的回归	y_1=10.68−1.52x_1+2.06x_2+0.01x_3−0.02x_4	0.9495	371.58	< 0.001
	y_2=43.87−2.39x_1+0.19x_2+0.01x_3+0.42x_4	0.7561	61.22	< 0.001
	y_3=−7.41+3.20x_1+2.79x_2−0.07x_3+0.29x_4	0.4417	15.62	< 0.001

注：x_1、x_2、x_3 和 x_4 分别代表籽粒的湿度、硬度、容重和蛋白质含量性状，y_1、y_2 和 y_3 分别代表面粉面筋含量、吸水率和沉降值性状，z_1、z_2、z_3、z_4 和 z_5 分别代表面团延展性、断裂时间、稳定时间、形成时间和拉伸面积性状。

2.3 讨论与结论

关于小麦品质性状相关性问题多数文献报道[4-12]已表明，一些性状之间存在显著相关，也有一些性状之间相关性不显著。本研究也得到与此类似的结果。但如前所述，已有研究在研究思路方面基本上是要么不分产品阶段，要么只涉及相邻两阶段，例如籽粒和面粉间或者面粉和面团间，涉及的数据资料也往往是特定种植环境下的结果。本研究则采用了多个环境种植下的数据资料。在小麦品质性状关系研究中按照产品形成的顺序同时考虑了籽粒、面粉和面团三个阶段的性状，可使研究结果逻辑性和实用性更强。

本研究发现，无论籽粒、面粉还是面团，其大部分品质性状在品种间和环境间都有显著或极显著差异。这就启示人们，为了取得符合一定特征特性的籽粒、面粉和面团，既要注重品种的选择又要考虑环境条件的影响。在品种间，籽粒、面粉和面团性状的变异系数分别以蛋白质含量、沉降值和断裂时间最长，说明小麦品种的不同主要引起小麦品质在蛋白质含量、沉降值和断裂时间性状指标的差异。在环境间，以籽粒硬度、面粉沉降值和面团拉伸面积的变异系数最大，说明小麦种植环境的不同主要引起小麦品质在籽粒硬度、面粉沉降值和面团断裂时间的差异。品种和环境对小麦品质影响的主要性状不尽一致。从籽粒、面粉和面团性状在品种间普遍大于环境间变异性的结果可说明，品种对籽粒、面粉和面团性状的影响作用比环境的作用更大，在涉及关于籽粒、面粉和面团的品质问题时应首先考虑适宜品种的选用。

依照本研究结果中各具体性状间关系的性质和大小初步可知，若要提高面粉和面团品质性状的指标值，可适当降低籽粒的含水量，因为小麦籽粒湿度与面粉和面团的大部分性状负相关。同样的道理，籽粒硬度高有利于面粉性状指标的提高，但对面团性状指标则无明显影响，籽粒容重对面粉和面团性状影响少而小，籽粒蛋白质含量对面粉和面团的多个指标都有正向作用。面粉面筋含量和面粉沉降值二者对面团延展性、断裂时间、稳定时间、形成时间和拉伸面积均有显著的正向作用。面粉吸水率仅对面团延展性有显著正向作用，而对面团其他四个性状无显著作用。

本研究还发现，面粉与面团性状的相关性比籽粒与面团性状相关性强。这一结果根据小麦产品产生的顺序是不难理解的，因为前两者产品之间比后两者之间在生产程序上更近。该结果说明，用面粉性状比用籽粒性状预测面团性状更可靠。这一论证也被本研究回归分析的结果所证实。

本研究仅涉及了籽粒、面粉和面团的部分性状，涉及的小麦种植环境也只有三个，关于小麦这些不同阶段产品品质的其他性状以及更多种植环境下的变异性和关系还有待进一步深入研究。

参 考 文 献

[1] 万富世，王光瑞．我国小麦品质现状及其改良目标初探 [J]．中国农业科学，1989，22(3)：14-21.

[2] 杨春玲，关立，侯军红，等．小麦品质遗传研究进展与品种选育 [J]．麦类文摘，2007，1(6)：12-17.

[3] Guttieri M J，Ahmad R，Stark J C，et al．End use quality of six hard red spring wheat cultivars at different irrigation levels [J]．Crop Science，2000(40)：631-635.

[4] 马冬云，郭天财，王晨阳，等．不同麦区小麦品种子粒淀粉糊化特性分析 [J]．华北农学报，2004，19(4)：59-61.

[5] 邢国风，唐永金．小麦籽粒性状与产量和品质的数量化关系 [J]．麦类作物学报，2007，27(3)：488-492.

[6] 魏益民．谷物品质与食品品质 [M]．西安：陕西人民出版社，2002：1–30.

[7] 吴宏亚，张晓，施恰恰，等．小麦品质性状相互关系的研究 [J]．扬州大学学报（农业与生命科学版），2016，37(4)：65-70.

[8] Zhang Y，Quail K，Mugford D C，et al．Milling quality and white salt noodle color of Chinese winter wheat cultivars [J]．Cereal Chemistry，2005(82)：633-638.

[9] 杨金，张艳，何中虎，等．小麦品质性状与面包和面条品质关系分析 [J]．作物学报，2004，30(8)：739-744.

[10] 桑伟，穆培源，徐红军，等．新疆春小麦品种主要品质性状及其与新疆拉面加工品质的关系 [J]．麦类作物学报，2008，28(5)：772-779.

[11] 相吉山，穆培源，桑伟，等．新疆冬小麦品种资源籽粒性状和磨粉品质与新疆拉面品质的关系 [J]．麦类作物学报，2013，33(4)：812-817.

[12] 刘慧，王朝辉，李富翠，等．不同麦区小麦籽粒蛋白质与氨基酸含量及评价 [J]．作物学报，2016，42(5)：768-777.

原载于《麦类作物学报》2018，38（8）

烘烤品质与面团形成和稳定时间相关分析

王光瑞　王瑞

摘要：根据多年的实践经验，参考国外有关研究结果，对小麦烘烤品质与面团形成和稳定时间的关系进行了分析探讨。得出烘烤面包适宜的形成时间为（6±0.5）min，适宜的稳定时间为（12±0.5）min，烘烤饼干、蛋糕的适宜形成时间和稳定时间为（1±0.5）min，并剖析了粉质曲线所反应的面团流变学特性的主要指标的意义和价值，为食品工业利用粉质曲线配粉和鉴评品质提供依据。

关键词：烘烤品质；面团形成时间；稳定时间

The Correlations Between Baking Quality and Dough Development Time and Stability Time

Abstract: Based on many year's practice and referring to research results abroad, the relations between baking quality and dough development time and stability time were examined and analyzed. For bread baking the suitable development time should be 6 ± 0.5 min, the suitable stability time should be 12 ± 0.5 min, for biscuit and cake baking, the suitable development time and stability time should be 1 ± 0.5 min. The meaning and values of dough theological characteristics parameters reflected in Farinogram were interpreted too. These results provide to food industry a basis for flour blending and quality evaluation by means of Farinograph.

Key Words: Baking quality, dough development time, stability time

引　言

我国是小麦主产大国，小麦及小麦制品是我国人民的主要食品，小麦品质的优劣直接关系到制粉业、食品业的发展和群众饮食与健康水平的提高。如何利用现有的检测手段对小麦品质进行全面评价已被育种家、粉师、面包师所重视。许多研究单位和厂家都根据本部门实验条件和产品需要确定了研究对象、检测项目和相关指标，大部分检测验人员为简化耗时费力的繁杂检验程序做出了不懈的努力，希望凭借一些简单的物化设备和利用少数品质指标对小麦、面粉和食品进行客观评价。本文在前人研究基础上[1-6]，根据多年的实践经验，对小麦的焙烤品质与面团形成和稳定时间的关系进行分析探讨，旨在剖析粉质曲线所反映面团品质的主要指标意义和价值。明晰在焙烤行为中的作用，为粉师在利用粉质曲线进行合理搭配小麦与面粉、估评面粉品质提供科学依据。

1. 材料与方法

1.1 材料

1.1.1 大部分品种（系）为农业部首届和第二届农业博览会评优送检材料

1.1.2 部分品种（系）来自北京（本所）、河北石家庄、河南季安阳。1990年将这些材料分别播种在上述3个地区，当年收获后进行室内物化测定，并留种于秋季播种。1991年收获后再进行物化测定。

1.2 方法

1.2.1 粗蛋白按GB05–82测定

1.2.2 沉降值按国际标准ISO 5529–1978测定

1.2.3 粉质测定参照AACC方法54–40进行

1.2.4 烘焙试验参照AACC方法10–01在美国National公司生产的实验发酵箱和烘烤箱中进行。按本所制定的标准（已为原商业部定为行业标准）进行面包评分。

1.2.5 高分子量麦谷蛋白亚基的电泳分析鉴定参照Payne等（1981）方法[16]

2. 结果与讨论

2.1 粉质曲线的指标选择

反映小麦焙烤品质的指标很多，如粗蛋白含量、面筋强弱、沉淀值大小等，而与烘焙行为关系最为密切的是面团的流变学特性。国内外采用测定面团的流变学特性仪器有粉质仪、和面仪、拉伸仪等，其中粉质仪在我国引进最多、利用最广。

粉质仪绘制出的粉质图上反映面团质量的指标有 78 项之多，每一项都有特定的含义，指标之间又存在内在联系，我们常见的质量报告中几乎列出了全部曲线所反映的质量指标。研究者应根据研究内容和方向加以选择，尤其是在进行烘焙品质研究时，从流变学这个角度应对面团形成时间、稳定时间给予足够重视。美、加一些国家将用来烤制优质面包的面团形成时间、稳定时间定为（7 ± 1.5）min 和（12 ± 1.5）min。

ISO、AACC 和厂家说明书都已经给粉质曲线上品质指标以明确的定义，许多文章和著作中也间接或直接谈到指标与烘焙品质的关系。不可否认的是这些指标对发酵和烘烤过程有着正向与负向效应，并在某一范围内决定着烘烤品质的优劣。然而，粉质仪所测得的指标仅是水、面粉两种物料作用的结果，实际生产中生产不同类型的食品，其物料（辅料）的种类和多少是千差万别的。我们多年反复实验的经验证明，粉师和面包师只有充分认识在面团形成的流动变化过程中这些指标的真正价值，才能应用这些指标指导面粉和食品的生产，使其起到生产与烘烤试验的桥梁作用。

2.2 形成时间内涵及与焙烤品质关系

形成时间，顾名思义是指水、面相互作用形成面团的时间，这个过程虽然是简单的机械作用和普通的物化（水分、氧化）反应但实际上它关系到烘焙行为的正负向发展趋势，决定着产品的质量。我国小麦的形成时间在 1 ～ 20 min 间变化，以 3 ～ 4 min 的小麦面粉形成时间居多，平均在 3 min。国外面包小麦面粉的形成时间一般都在 5 ～ 9 min 间变化。不同食品对面团形成时间的要求差异非常大，饼干糕点粉 1 ～ 2 min，馒头 2.5 min，面条 4 min 左右，唯独面包粉的形成时间要求在 4 ～ 9 min, 或再长些。形成时间长短要视生产面包的种类而定并随工艺、设备和生产条件而变化。现仅以加工主食面包为例，阐述形成时间与烘焙品质的关系[5]。

表1 17个品种6个品质性状在6个环境下的平均值（不同地区、年份）

品种名称	形成时间（min）	蛋白质含量（%）	沉淀值（mL）	面包体积（cm^3）	面包评分（min）	品质指数
Dacia	2.9	16.1	42.4	857	91.6	11.9
CA837	3.0	14.9	23.5	697	71.8	2.9
墨476	3.3	15.3	32.6	807	87.1	7.8
平抗8号	3.5	15.1	33.5	753	795	6.9
CA841	3.5	15.7	26.4	676	70.9	3.9
CA863	4.5	14.1	36.7	726	83.1	4.8
Lancota	4.8	14.6	38.6	772	83.7	6.7
太原136	5.5	16.9	45.1	850	88.2	14.0
C609	5.8	16.3	45.9	833	89.5	12.7
CA864	5.1	16.2	42.0	833	92.6	14.5
#437	6.8	16.0	40.6	867	90.6	14.2
Arkan	7.6	16.3	41.4	895	91.5	16.5
F26–27	8.6	17.6	37.4	896	93.8	19.6
LoVrin37	12.0	16.4	38.0	811	88.0	13.5
8131	13.9	19.6	41.2	922	92.7	22.0
82Y93290	17.7	17.0	50.6	859	92.5	18.6
KS448	24.6	16.9	46.7	912	94.1	21.7

表1给出了17个品种6个品质性状在6个环境下的平均值，随着形成时间的延长面包体积增大和面包评分增加的趋势非常明显[4]。尤其是国内小麦品种两者相关极为显著，这说明粉质仪测得的形成时间是反映面团流变学特性的重要指标。面团形成过程是一个极为复杂的过程，随着面筋的形成，面团的黏弹性逐渐表现出来，在不断的机械作用下，面筋形成的越多，面筋的质量和面团的黏性越好，弹性就越大，机械消耗的能量随之增加，糅合时间（形成时间）也相应延长。若小麦粉蛋白质和湿面筋含量较高且质量较好，其形成时间一定较长，反之较短。此类小麦粉多属强筋粉范畴，可用来烤制优质面包（以主食面包为主）。在实验中发现，有些品种形成时间较短（2 min左右），有些品种则高达20 min，用这样两种面粉焙烤面包都得到了满意的结果。如表1中的Dacia和KS448的形成时间分别为2.9和24. 6 min，烤出的面包评分却相差无几。这种现象在国外品种中多见。这就向我们提出了两个新问题：用来烤制面包的

小麦粉是否形成时间越长越好和最适形成时间应在哪个范围。我国小麦品种种类很多，硬质小麦较少[7, 8]，其直接用来生产强力粉进而烤制优质面包的品种更是寥寥无几。它们的主要特点是形成时间短（2.96 min）、稳定时间不长（3.19 min）、吸水率 (56%) 偏低[2, 11]。当面粉厂以这些品种作为主要原料时，形成时间应在 4.5 ～ 6.0 min 之间选择。小于 3 min 的面粉筋力较差，大于 10 min 的面粉在制做食品时耗能（和面时）太多。如果以进口小麦（美、加）为主配之以国产小麦，形成时间可相应短些，进口优质小麦的遗传基础好，形成时间和稳定时间都较为理想，吸水率也较高。利用国产小麦的白度、出粉率等优势与进口小麦相搭配，品质性状和遗传基础（高分子量麦谷蛋白亚基类型与组成）得到了互补，面粉质量会有很大提高（见表 2 和表 3）。

表 2　高分子麦谷蛋白的亚基互补说明

品种	A 亚基 （2*，7+9，2+12）	B 亚基 （N,7 +9，2+12）	C 亚基 （1,7+18.5 +10）
A+b	2*,7+9,2+12 N,7+8,4+12		
A+C		2*,7+9,2+12 1,17+18.5+10	
B+C			
A+B+C	2*,7+9,2+12	N,7+8,4+12	N,7+8,4+12 1,17+18.5+10 1,17+18.5+10

表 3　部分国内外优质品种高分子麦谷蛋白亚基组成

亚茎	品种名称	硬度（S）	粗蛋白（%）	沉淀值（mL）	吸水率（%）	形成时间（min）	面包体积（cm^3）
N	Ne7060	19.6	17.9	42.7	61.9	14.7	89.6
	墨 476	17.6	15.3	32.6	56.4	3.3	80.7
	Dacia	27.4	16.1	42.4	53.2	2.9	85.7
7+9	CA864	18.2	14.6	38.6	57.6	4.8	77.2
	82Y93240	19.4	15.7	40.9	57.6	5.2	82.3
5+10	CA865	19.0	14.6	36.3	58.3	5.4	749
	均值	20.0	15.7	38.9	57.5	6.0	81.7
2*	CA863	18.7	14.1	36.7	56.0	4.5	72.6

续表

亚茎	品种名称	硬度（S）	粗蛋白（%）	沉淀值（mL）	吸水率（%）	形成时间（min）	面包体积（cm^3）
7+9	忻 79–2060	33.4	17.0	41.3	53.5	4.3	84.0
5+10	KS448	17.6	16.9	46.7	60.4	24.6	91.2
	均值	23.2	16.0	41.6	56.6	11.1	82.6
1	#445	21.7	19.7	56.0	58.7	18.3	96.0
	Ks445	20.1	17.5	43.9	57.9	13.3	91.5
7+9	冬协 4 号	19.4	15.1	33.5	58.4	6.4	80.8
5+10	8131	18.9	19.6	41.2	62.0	13.9	92.2
	均值	20.0	18.0	43.6	59.2	13.0	90.1

2.3 稳定时间内涵与焙烤品质关系

稳定时间又称稳定性（耐揉性）。面团形成后，揉面钵、电动机和自动记录系统仍处在工作状态，面团在不断搅揉情况下，一方面空气中的氧使裸露在外面的巯基氧化、形成二硫键，使面团的结构更加致密，其弹性和黏性（延伸性）也相应增加。另一方面面团要克服和面机具的剪切力，以抵制过早的面团崩塌和面筋解体，随着时间的延长，该现象将会不可避免地到来，这段时间称稳定时间。稳定时间的长短反映面团的耐揉性，即对剪切力降解有较强的抵抗力。稳定时间越长，面团的韧性越好，面筋强度越大，面团的处理性质越好（焙烤面包过程）。用我国大面积种植的小麦生产的面粉稳定时间均在 3 min 左右，5 min 以下的约占 85%[11]。部分优质小麦可达 10 ～ 30 min, 面团的稳定时间对焙烤业至关重要，在国内贸易部和农业部颁布的面包用小麦粉和面包用小麦品种的行业标准中，分别规定≥ 10 min（精制级）、≥ 7 min（普通级）和≥ 12 min（1 级）、≥ 9 min（2 级）、≥ 6 min（3 级）。前者是对制粉业生产面包专用粉的要求，后者是对育成的专用小麦品种（系）的品质的具体指标之一。两个行业标准的共同点是对该项指标的重视，并都要求稳定时间在 6 min 以上。这个结论是专家多年研究的结果，其依据是充分的，反映了粉师、面包师目前的客观需要，为育种家规范了选育专用小麦的尺度。两个标准用大于或等于的形式只对稳定时间的下限给予了规定，往往给人以其上限越长越好的错误理解。但是作为标准，对稳定时间的长短应确定一个客观范围，才不失标准的科学性、公正性和权威性。如“饼干”标准中规定稳定时间≤ 2.5 min（精制粉）和≤ 3.5 min（普通级），粉师们会认为稳定时间为零应该最好。当然，实际上面粉的稳定时间不可能是零，无论如何面包上限无限，饼干下限无限总会让人感到标准本身少了点严肃性和严密性。抛下标准的指导和规范价值不谈，实际工作中在生产某种专用粉和食品时，对稳定时间的要求既有规律又有差异。表 4 和表 5 中列举了“获奖品种”和“评优品种”的部分品质数据。两表中的稳定时间基本符合两个标准的要求，饼干用小麦稳定时间小于 2.5 min 和面包用小麦稳定时间大于 6 min 的品种都在金牌榜内。获金奖的面包用小麦和饼干用小麦的稳定时间变幅分别在 10 ～ 40 min 和 0.4 ～ 1.5 min。安农 91168 等品种稳定时间高达 48 min 却未获金奖，饼干用小麦随着稳定时间的缩短其评分有增加的趋势。

上述事实给我们如下启迪：其一，“两标准”所规定的稳定时间基本上符合客观规律，面包用粉稳定时间长些为好，饼干用粉稳定时间尽量短些。其二，表 4 中稳定时间差值高达 41.4 min，而面包最后评分仅差 6 分，同为金牌的面包评分为 94.5 分的钢 91–46 和新安农 2 号的稳定时间相差近 38 min，说明稳定时间在一个较大的范围内，均可获得最佳烘焙结果。其三，来自全国 17 个省市的全部供试 79 个品种中，稳定时间大于 12 min 面包品质表现均佳，10 min 以下的品种中仅有少部分烘焙品质良好，甘 92–1032 就是其中一例。表 6 中列出的稳定时间低于 5 min 的部分参试品种，虽然也具有较好烘烤性能，但大多品种却无法烤制出上乘面包来。结合我们今年所测的部分北京市售面包粉的稳定时间均在 9 ～ 12 min 之间，因此优质面包专用粉的稳定时间应在（12 ± 0.5）min。其四，面包用粉稳定时间长些固然好，但却给面包师和育种家带来许多麻烦。我国很大一部分的面包师还不能根据生产某种类型的面包而进行合理的面粉搭配，许多人仍将面包粉作为面包通用粉生产不同种类的面包，经常要求面粉适合制作工艺，很少考虑如何利用好这些专用粉。如果面团的稳定时间过长，势必延长和面、发酵和醒发的时间，同时要改变工艺流程，这样不仅造成时间浪费，也使厂家蒙受经济损失。小麦是面粉的原料，育种家要根据市场需要选育高产优质品种。许多育种家竭一生精力只能培育出 12 个可以在生产上利用的品种，如果再加入质量因素就更难上加难 [10]。尤其是选育稳定时间较长的品种将花的力气更大、育种年限更长，不能满足高速发展的市场需求 [6]。其五，每年我们购进 100 亿～ 150 亿斤小麦和大量的优质专用粉 [9]，为弥补我国目前小麦面粉稳定时间过短提供了搭配伙伴，只要掌握各种小麦和面粉搭配的要诀就完全可以满足生产某种面包专用粉的需要。近年来，我国培育出一批优质面包用小麦品种，许多品种的品质已接近或达到国外同类小麦品种的水平，一些厂家利用这些品种已配制出和进口金象粉相媲美的面包专用粉。其六，饼干、蛋糕用小麦的稳定时间在 1 ± 0.5 min 为好，获金奖的品种全部在这个范围内，如果再短些，伴随而来的小麦质量的下降是难以被消费者接受的。目前大面积种植的小麦品种主要是作为主餐而被加工利用的。若能建立专用小麦生产基地，这些问题将迎刃而解。

表 4　第二届农业博览会部分获奖品种几个品质指标

品种名称	稳定时间（min）	蛋白质（%）	沉降值（mL）	面包评分（cm^3）
甘 92–1032	6.6	15.7	55.2	95.0
钢 91–46	10.1	20.5	47.5	94.5
中优 16	13.8	19.6	58.0	97.5
钢 82–122	18.6	20.9	48.2	94.5
罗卜林	26.9	18.2	65.0	91.5
野猫	28.5	20.0	63.8	92.0
小冰麦 33	28.5	17.8	71.3	95.0
新安农 2 号	39.0	18.7	71.3	95.0
安农 91168	48.0	20.0	67.2	95.0

表 5　首届饼干、蛋糕用软麦鉴评会部分优质品种几个品质指标

品种名称	稳定时间（min）	蛋白质（%）	沉降值（mL）	面包评分（cm^3）
7203	0.4	12.0	12.5	90.20
龙麦 21	0.7	13.7	13.0	82.65
宁春 19 号	0.7	12.6	24.3	84.23
皖麦 18	1.0	11.6	14.8	86.70
8529	1.5	12.2	12.8	4.00
丰优 4 号	1.1	13.8	13.0	81.10
丰优 5 号	1.1	14.4	13.5	88.29
早丰 1 号	1.5		19.3	84.81
西昌 177	1.9	11.9	12.2	83.40

表 6　第二届部分面包用小麦品种质鉴评会的几个品质指标

品种名称	稳定时间（min）	蛋白质（%）	沉降值（mL）	面包评分（cm^3）
92-708	2.1	15.0	27.0	60.0
920762	2.9	13.6	59.0	75.5
87564	3.0	15.3	35.8	77.5
233	3.2	12.6	27.3	77.0
烟校 D5063	3.5		38.3	69.0
齐 8410	3.6	14.6	33.8	76.5
75C126	4.4	15.9	43.2	75.5
丰优 3 号	4.4	16.0	43.5	80.0
豫麦 29	4.6	14.5	39.0	76.0

2.4 形成和稳定时间对焙烤品质共同作用

上面分别谈到了形成时间和稳定时间对焙烤品质的影响。在我们得到的几千个数据中，大体上有下列 5 种情况：1. 形成时间长，稳定时间也长；2. 形成时间较短，稳定时间较长；3. 形成时间很短，稳定时间特长；4. 形成时间短，稳定时间也短；5. 形成时间非常长，稳定时间极短。第 1 种情况，用实验室方法（AACC）烤出的面包体积大，评分高，其他如沉淀值、湿面筋等品质指标也相应地高。此类品种国外较多，国内不多见。例如 82Y93243 形成时间 26 min, 稳定时间 42 min，美 4 形成时间 27 min, 稳定时间 34.5 min，#406 形成时间 19 min，稳定时间 50 min 以上……上述品种面包评分均在 92 分以上，第 2 和第 4 种情况在我国小麦品种中多见，为现在大多数面粉厂利用的国产小麦原料，其中形成时间较短、稳定时间较长的更被面粉厂所青睐。可以用单一的此类小麦面粉来烤制普通面包，若配之以部分加麦或美麦效果会更理想。第 3 和第 5 种情况在国内外均罕见，这类小麦品种可以视作基因库，用途极为广泛，可以直接用来生产高筋力面包专用粉，若搭配第 2 和第 4 种情况的面粉其品质的改良非常明显。对育种研究单位从事改良小麦品质的专家帮助更大，经多种方式将其优良性状组装起来较为容易。第 3 种情况如 KS431 形成时间 7min, 稳定时间 36 min；KS4488 形成时间 6 min，稳定时间 41.4 min；忻 79-2060 形成时间 3 min，稳定时间 26 min；墨 476 形成时间 3.3 min 稳定时间 32.6 min。第 5 种情况如京引优 1 号，形成时间 19 min，稳定时间 2 min。

3. 结论

从上面几种情况来看，形成时间长、稳定时间稍短，稳定时间长、形成时间短，稳定时间长、形成时间长，形成时间较长、稳定时间较长的品种都可直接用来烤制面包，说明形成时间和稳定时间有互补性，对烘焙品质的改善有着共同贡献。如果用稳定时间短和形成时间也短的面粉焙烤面包，失去两者的互补，绝对烤不出优质面包。

综上所述，用来烤制面包的面粉形成时间和稳定时间应分别在（6 ± 0.5）min 和（12 ± 0.5）min，饼干、蛋糕的形成时间和稳定时间应为（1 ± 0.5）min。面包粉麦谷高蛋白亚基 D 位点应具有 5+10 带[12,13,14,15]，饼干和蛋糕应具有 5+12 带。再结合其他物化性状分析，一定能生产出市场所需要的各种专用粉，获得更大经济效益。

参 考 文 献

[1] 王光瑞．浅谈烘烤面包对小麦品质的要求 [J]．作物杂志，1995(2)：4–7.

[2] 万富世，王光瑞，李宗智．我国小麦品质现状及其改良目标初探 [J]．中国农业科学，1989，22(3):14-21.

[3] 王瑞，赵昌平．面包、面条、馒头质量与小麦面粉主要品质参数的关系分析 [J]．国外农学 —— 麦类作物，1995(3)：35-37.

[4] 曾浙荣，王光瑞，等．37 个小麦品种面包烘烤品质的评价和聚类分析 [J]．作物学报，1994，20(6)：641-652.

[5] 林作楫，王光瑞．食品加工与小麦品质改良 [M]．中国农业出版社，1994.

[6] 翟凤林，王光瑞，等．作物品质育种 [M]．中国农业出版社，1991.

[7] 林作楫，王光瑞，等．我国小麦品质育种现状与对策 [J]．作物杂志，1996(1).

[8] Lin Zuoji，Wang Guangrui（林作楫，王光瑞）．A brief introduction to wheat quality improvement in China [J]．Journal of the Oils Association, 1996.

[9] 王光瑞，周桂英．中国小麦专用粉 [J]．面粉通讯，1996(6).

[10] 曹广才，王光瑞，等．小麦品质生态 [M]．中国科技出版社，1994.

[11] 王光瑞，等．1982–1983 年北方冬麦区试验品种的品质分析初报 [M]// 庄巧生，王恒立．小麦育种理论与实践的进展．北京：科学普及出版社，1987.

[12] 韩彬，K W Shepherd．低分子量谷蛋白亚基与醇溶蛋白的关系及其对小麦烘烤品质的影响，中国农业科学，1991，24(4)：1925.

[13]Bromland.G，M.Dardevet．Diversity of grain protein and bread wheat quality II Correlation between high-molecular-weight subunits of glutenin and flour quality characteristics[J]. J.Cereal.Sci, 1985(3)：345-354.

[14]Lawarence,G.J.,et al．Dough and baking quality of wheat line deficient in glutenin subunits controlled by the Glu-A1, Glu-B1 and Glu-D1 loci[J]．J.Cereal. Sci，1988(7)：109-112.

[15]Payne,P.I., Ann. Rev. Plant. Physiol.,1987(38)：141–153.

[16]Payne,P.I.,et al．Structural and genetic studies on the high–molecular–weight subunits of wheat glutenin[J]．Theor. Appl. Genet. 1981(60)：229-236.

原载于《中国粮油学报》1997，12（3）

二

小麦产量、品质、多抗性遗传与相关研究

普通小麦穗部性状的配合力与遗传模型分析

王瑞　宁锟　王怡　杜连盟
（陕西省农业科学院，杨陵　712100）

摘要： 选用穗部性状典型的 6 个普通小麦（*T. aestivum* L.）材料，采用 6×6 不完全双列杂交法分析了穗长、结实小穗数、小穗粒数、穗粒数、千粒重和单穗重的杂种优势、配合力、遗传模型及适宜的选择世代。结果表明，千粒重、穗长、穗粒数及单穗重具有较高的杂种优势；穗长、结实小穗数、穗粒数和单穗重一般配合力高，前 2 个性状在 F_2 ～ F_3 代选择有效，后 2 个性状在 F_4 ～ F_5 代选择有效；每小穗粒数和千粒重特殊配合力高，在 F_6 ～ F_7 代选择有效；6 性状遗传均符合加性—显性模型。此外，84 加 79 与 V8164 穗部性状协调，一般配合力高，可作为大穗材料在育种中应用。

关键词： 普通小麦；穗部性状；遗传

The Combining Ability and Genetical Models of Spike Characteristics in Hexaploid Wheat

Wang Rui　Ning Kun　Wang Yi　Du Lianmeng
(Shaanxi Academy of Agricultural Sciences, Yangling 712100)

Abstract: The heterosis, combining ability, genetical model and suitable selected generation of six spike characteristics in hexaploid wheat were studied by 6 × 6 incomplete diallel crossing system. The results indicated that heterosis of TKW, spike length, kernels perspike and kernel weight per spike are 11.11%, 6.78%, 8.89% and 22.13% respectively; Spike length, spikelets, kernels per spike and kernel weight per spike have high general combining ability and should be selected in F_2 ～ F_3(the first two characters) or F_4 ～ F_5(the last two characters); Kernels per spikelet and TKW have high specific combining ability and should be selected in F_6 ～ F_7; All six characteristics fit additive-dominance genetical model. Moreover, 84 Jia 79 and V8164 have perfect spike traits and higher general combining ability, and should be utilized as large spike materials in wheat breeding program.

Key words：Hexaploid wheat; Spike characteristics; Inheritance

普通小麦基因库中穗部性状异常丰富多样，本文选用穗长、小穗数、多花性、千粒重等穗部性状典型的材料，研究其遗传规律及选育特点，以期为小麦育种提供理论和物质基础。

1. 材料与方法

按照 6×6 不完全双列杂交设计，1991—1992 年度选取灌引 1 号（四川农业大学选育）、V8164（西北植物所选育）、8097（陕西省农科院选育）、84 加 79-3-1（简称 84 加 79，咸阳地区农科所选育）、郑 891（河南省农科院选育）和绵阳 01821（四川绵阳地区农科所选育）6 个普通小麦材料（表 1）进行杂交，得到 15 个 F_1 组合种子。1992—1993 年度把 15 个组合及 6 个亲本共 21 个处理按随机区组设计种植，行长 2 m，行距 30 cm，株距 10 cm，重复 3 次。选发育正常的单株，每处理 20 株，调查主穗长度、结实小穗数、粒重、穗粒数及穗重，求平均值。以参照文献 4 和 5 的方法分别进行配合力分析及各性状遗传参数分析。

表 1 参试材料穗部性状

Tab. 1 The spike traits of the materials

试材 Materials	穗长（cm） Spike length	小穗数 Spikelets	小重粒数 Kernels per spikelet	穗粒数 Kernels per spike	千粒重（g） TKW	单穗重（g） Kernel weight Per spike
灌引 1 号 Guanyin 1	14.13	27.55	2.11	40.98	40.985	2.171
V8164	16.45	27.77	2.95	77.47	46.989	3.455
8097	11.86	25.68	2.41	56.43	41.082	2.356
84 加 79 84 Jia 79	17.99	26.73	2.75	67.7	44.128	3.050
郑 891 Zheng 891	10.87	20.50	2.15	38.57	47.427	1.840
绵阳 01821 Mianyang 01821	10.74	19.77	2.47	43.10	44.911	1.934

2. 结果与分析

方差分析表明（表 2），穗部 6 性状的遗传方差均达 1% 极显著水平。

表 2 穗部性状遗传方差分析

Tab. 2 Genetical variation analysis of six spike characteristics

性状 Characteristics	均方 *MS*			遗传 Genetica *F*
	区组 Blocks	遗传 Genetics	机误 Error	
自由度 Free degree	2	20	40	
穗长 Spike length	0.1543	14.981	0.1046	143.17**
小穗数 Spikelets	0.0820	16.565	0.1280	129.29**
小穗粒数 Kernels per spikelet	0.0214	0.300	0.0150	26.11**
穗粒数 Kernels per spike	2.898	430.610	12.370	34.81**
穗粒重 TKW	2.445	33.733	3.068	11.007**
单穗重 Kernel weight per spike	0.001	1.300	0.043	30.567**

**1% 显著水平 1%significant level

2.1 杂种优势

穗部性状有一定的杂种优势。其中千粒重 > 穗长 > 结实小穗数及小穗粒数，千粒重与穗长 15 个组合无劣势表现，程度为 2.91% ～ 16.70% 和 0% ～ 11.14%；穗粒数平均杂种优势为 8.89%，80% 组合表现优势，20% 组合表现劣势，程度分别为 2.67% ～ 28.34% 和 –6.49% ～ –11.07%；单穗重平均杂种优势为 22.13%，93.3% 组合表现优势，6.7% 组合表现劣势，程度为 –1.15% ～ 39.2126%（表 3）。

表 3 穗部性状的杂种优势表现

Tab. 3 The heterosis of spike characteristics

性状 Characteristics	穗长（cm） Spike length	小穗数 Spikelets	小重粒数 Kernels per spikelet	穗粒数 Kernels per spike	千粒重（g） TKW	单穗重（g） Kernel weight Per spike
组合 Crosses						
灌引 1 号 /V8164 Guanyin 1/V8164	10.92	1.48	0.79	6.71	13.14	20.30
灌引 1 号 /V8097 Guanyin 1/V8097	8.66	4.00	8.42	17.24	2.91	16.91

续表

性状 Characteristics	穗长（cm） Spike length	小穗数 Spikelets	小重粒数 Kernels per spikelet	穗粒数 Kernels per spike	千粒重（g） TKW	单穗重(g) Kernel weight Per spike
灌引 1 号 /84 加 79 Guanyin 1/84 Jia 79	4.17	1.92	6.58	14.56	15.57	34.30
灌引 1 号 / 郑 891 Guanyin 1/Zheng 891	8.32	2.19	−7.04	−6.49	9.30	10.79
灌引 1 号 / 绵阳 01821 Guanyin 1/Mianyang 01821	5.59	3.42	−3.92	2.67	11.57	18.24
V8164/8097	5.2	1.37	−8.58	−10.08	16.73	5.9
8164/84 加 79 8164/84 Jia 79	7.67	1.91	4.91	10.67	7.01	21.10
8097/ 郑 891 8097/Zheng891	10.98	1.80	−8.63	−11.07	6.73	−1.15
8097/ 绵阳 01821 8097/Mianyang01821	11.14	4.88	4.80	13.68	14.28	39.13
84 加 79/ 郑 891	0.00	2.25	5.04	4.94	18.77	28.01
84 Jia 79/Zheng891	2.14	5.80	0.90	8.78	9.09	19.73
84 加 79/ 绵阳 01821	1.71	9.13	11.89	28.34	9.13	38.46
84 Jia 79/ Mianyang01821	8.58	3.87	15.51	27.46	7.79	37.30
郑 891/ 绵阳 01821	7.43	1.38	16.09	23.21	15.71	39.21
Zheng891/Mianyang 01821	2.43	11.75	−7.79	2.68	8.98	3.71
平均 Average	6.78	3.81	3.12	8.89	11.11	22.13

2.2 配合力

穗部性状配合力方差分析（表 4）表明，穗长与结实小穗数一般配合力方差达极显著水平，特殊配合力方差不显著，即两性状以加性效应为主；小穗粒数与千粒重一般配合力方差不显著，特殊配合力方差达极显著，表明二性状以非加性效应为主；穗粒数与单穗重一般配合力与特殊配合力均达显著水平，此二性状加性效应与非加性效应都比较重要。

表 4 穗部性状配合力方差分析

Tab. 4 Variance analysis of combining ability about spike characteristics

性状 Characteristics	机误 Error	一般配合力		特殊配合力		G.C.A./S.C.A.
		MS	*F*	*MS*	*F*	
穗长（cm）Spike length	0.0349	18.856	540.61**	0.373	10.69	13.20
小穗数 Spikelets	0.0427	20.614	482.67**	0.491	11.50	11.22
小穗粒数 Kernels per spikelet	0.0038	0.222	57.976	0.059	15.48**	0.734
穗粒数 Kernels per spike	4.1232	455.172	110.39**	39.658	9.62**	2.923
穗粒重 (g) TKW	1.0228	15.680	15.330	9.782	9.564**	0.168
单穗重 (g) Kernel weight per spike	0.142	1.186	83.67**	0.182	12.187*	1.491

基因加性效应能稳定遗传，可作为纯系品种选育利用；非加性效应仅在杂种世代中表现出来，可作为杂种小麦选育利用。因此，穗长与结实小穗数可在 F_1 及早代进行预测；穗粒数与单穗重也可在早代预测，但可信度下降；多花性与千粒重早代表现几乎是不可靠的。随着世代推迟和基因纯合，显性及互作效应消失，杂种优势随之削弱，唯加性效应及加性与加性互作效应存在于纯系品系中。

由表 5 可以看出，V8164 的穗长、结实小穗数及千粒重一般配合力高，穗粒数与单穗重较高；84 加 79 的穗长、小穗粒数一般配合力高，穗粒数与单穗重也较高。这 2 个亲本穗部性状优异，是有广泛应用价值的大穗资源。

特殊配合力效应表现复杂，对于小麦常规育种意义不大。

表 5 各亲本性状一般配合力效应值 (*gi*)

Tab. 5 The relative effects of general combining ability about spike characteristics

性状 Characteristics	穗长（cm）Spike length	小穗数 Spikelets	小重粒数 Kernels per spikelet	穗粒数 Kernels per spike	穗粒重 TKW	单穗重 Kernel weight Per spike
灌引一号 Guangyin 1	0.299	1.322	–0.218	–0.829	–1.882	–0.181
V8164	1.652	1.375	0.166	8.412	1.568	0.453
8097	–1.043	0.583	–0.370	–0.054	–1.581	–0.087
84 加 79 84 Jia 79	1.948	0.785	0.201	8.362	0.426	0.482
郑 891 Zheng 891	–1.385	–1.922	0.032	–10.846	0.874	–0.476
绵阳 01821 Mianyang 01821	–1.472	–2.143	0.189	–5.046	0.596	–1.916

2.3 遗传模型

穗部 6 性状双列杂交中，方差 *Vr* 与协方差 *Wr* 回归分析表明（表 6），*Vr* 与 *Wr* 的回归系数 6 均达 1% 极显著水平，即穗长、结实小穗数、小穗粒数、穗粒数、千粒重与单穗重遗传均符合加性——显性效应，以加性和显性效应为主，各类互作效应可忽略不计。

表 6　穗部性状的遗传模型

Tab.6　Genetical model of spike characteristies

性状 Characteristics	*Wr* 与 *Vr* 回归方程 Regression equation Between *Wr* and *Vr*	回归系数 *b* 的 *t* 测验 *t* test of *b*	D/H
穗长（cm）Spike length	*Wr*=1.853+1.066*Vr*	17.98**	0.270
小穗数 Spikelets	*Wr*=3.092+0.888*Vr*	10.50**	0.298
小穗粒数 Kernels per spikelet	*Wr*=0.010+0.753*Vr*	5.81**	1.168
穗粒数 Kernels per spike	*Wr*=10.56+1.030*Vr*	9.72**	0.585
千粒重（g）TKW	*Wr*=-5.760+1.068*Vr*	10.26**	2.438
单穗重（g）Kernel weight per spike	*Wr*=0.005+0.847*Vr*	7.37**	0.818

穗长、结实小穗数、穗粒数的回归截距 $a>0$，表明三性状属部分显性遗传，平均显性度分别为 0.270、0.298 和 0.585; 小穗粒数与单穗重 *a* 接近 0，表明二性状接近完全显性遗传，平均显性度分别为 1.168 和 0.818; 千粒重回归截距 $a<0$，表明千粒重属超显性遗传，平均显性度为 2.438。

综合配合力与遗传模型分析，并进行适宜的选择世代估算，穗长与结实小穗数遗传以基因加性效应为主，一般配合力高，平均显性度低。早代（F_2 ～ F_3）选择有效，穗粒数与单穗重的加性效应与显性效应都比较重要，平均显性度中上；中代（F_4 ～ F_5）选择有效，小穗粒数与千粒重特殊配合力高，显性效应作用较大；高代（F_5 ～ F_7）选择有效。

3. 讨论

①穗部性状平均杂种优势表现为单穗重（22.13%）> 千粒重（11.11%）> 穗粒数（8.89%）> 穗长（6.78%）> 结实小穗数与小穗粒数，这与沈秋泉等 [6] 的结果基本一致。穗部性状杂种优势明显，为改善杂种小麦穗部性状、提高产

量潜力提供了依据。

②穗部性状遗传中，穗长、结实小穗数以加性效应为主，平均显性度低，加性效应分别是显性效应的 13.20 和 11.22 倍，为常规育种早代进行穗长与结实小穗数选育提供理论依据；穗粒数与单穗重遗传，加性效应与显性效应均起作用，至 F_4 ～ F_5 代基本稳定，选择有效；小穗粒数与千粒重遗传，显性效应作用较大，性状稳定慢，至高代选择有效。前人研究[7]认为，千粒重遗传加性效应值大，与本研究结果有异。千粒重的杂种优势、特殊配合力及平均显性度等分析均表明，千粒重属超显性遗传，显性效应作用较大，具有较强的杂种优势。

③ 84 加 79 与 V8164 具有穗长、小穗数多、多花性好、千粒重高等优异穗部性状。这些性状一般配合力高，对于纯系品种选育及杂种优势利用均具有重要价值。

参 考 文 献

[1] Lelley J．Wheat Breeding: Theory and practice［M］．Budepest：Akademiai kiado，1976.

[2] 罗洪溪，张效良，马万民．小麦超大穗材料的选育 [J]．国外农学——麦类作物，1993(4)：34-35.

[3] 吴兆苏．小麦育种学 [M]．北京：农业出版社，1990.

[4] Griffing B. Concept of general and specific combining ability in relation to diallel crossing system［J］．Australian J.Biological Science，1956，9(4)：463-493.

[5] 莫惠栋．双列资料的遗传模型分析 [J]．江苏农学院学报，1987，8(1)：59–64.

[6] 沈秋泉，张全德，黄纯农．小麦二十四个亲本双列杂交配合力、遗传力和杂种优势分析 [J]．作物学报，1981，7(4)：217-223.

[7] 陈集贤，郜和臣．十一个春小麦品种产量性状的配合力分析 [J]．作物学报，1981，7(3)：201-207.

原载于《西北农业学报》1996,5（1）

普通小麦穗部性状的遗传与相关分析

王瑞　宁锟　王怡　杜连盟
（陕西省小麦研究中心，杨陵 712100）

摘要： 选用穗部性状典型的小麦品种资源，采用双列杂交法研究了穗部性状的遗传特点及相关关系。结果表明：穗长、结实小穗数、小穗粒数、穗粒数和主穗粒重均符合加性显性遗传模型，且显性基因增效、隐性基因减效。以基因加性效应为主的性状穗长与结实小穗数，亲本性状的遗传传递力与亲本性状表现一致；以显性效应为主的千粒重，亲本性状传递力与亲本含显性增效基因多少一致；在加性、显性效应各占一定比例的穗粒数、主穗粒重和具有一定互作效应小穗粒数等性状的遗传中，亲本性状遗传传递力是加性、显性效应共同作用结果。提高穗粒数、小穗粒数较结实小穗数作用更大；提高单穗粒重、穗粒数较千粒重作用更大。

关键词： 小麦；穗部性状；遗传；相关

Analysis of Inheritance and Correlation of Spike-section Characteristics in Hexaploid Wheat

Wang Rui　Ning Kun　Wang Yi　Du Lianmeng
(Wheat Research Center of Shaanxi Province, Yangling 712100)

Abstract: A study was carried out on the selected typical materials, the inheritance and correlation of spike section characteristics in hexaploid wheat by 6×6 diallel crossing system. The results indicated that spike length, spikelets, kernels per spikelet, kernels per spike, 1000–kernel–weight and kernel weight per spike all fit the additive–dominance genetical model, and dominant genes have positive effects, recessive genes have negative effects. Inheritance of spikelength, spikelets exhibits principally additive effects and their transmission behaves in accordance with manifestation of the parents; Inheritance of 1000–kernel–weight exhibits principally dominant effects, their transmissions behave more or less in accorded with the number of dominant genes of positive effects; Inheritance of kernels per spike, kernel weight per spike exhibits both additive and dominant effects. and their transmission of parents behaves in accordance with the number of both dominant genes and additive effects. The analysis of correlationamong spikesection characteristics indicated a higher correlation between kernels per spikelet than that between spikelets and kernels per spike, and a higher correlation between kernels perspike than that between 1000–kernel–weight and kernel weight per spike.

Key words: Wheat; Spike–section characteristics; Inheritance; Correlation

普通小麦（*T.aestivum* L.) 穗部性状的改良是超高产育种的重要途径，穗部性状的遗传传递力与相关研究对育种目标的制定、亲本选配及后代筛选具有重要的指导意义。

1. 材料与方法

1991—1992 年度选用穗部性状有代表性的品种 6 个：灌引 1 号 (多小穗，四川农业大学选育)；V8164–3–8–3（穗长、粒重高，西北植物研究所选育）；8097（穗长、粒重低，陕西农科院选育）；84 加 79–1–1–5–1–5(穗长、多花，咸阳地区农科所选育）；豫麦 13 号 (粒重高，河南省农科院选育）及绵阳 01821（多花，绵阳地区农科所选育）进行双列杂交得到 15 个正交 F_1 组合。1992—1993 年把 15 个组合联合 6 个亲本共 21 个处理，按随机区组设计种植，重复 3 次，每小区 2 行，行长 2 m，株距 10 cm，行距 30 cm，全试验栽培管理一致。收获时每小区选发育正常的单株 20 株，测定其主穗的长度、结实小穗数、穗粒数、粒重及主穗粒重。

表 1　参试材料穗部性状

亲本	穗长 /cm	小穗数 / 个	小穗粒数 / 个	穗粒数 / 个	千粒重 /g	主穗数 /g
灌引 1 号	14.13	27.55	2.11	40.986	40.985	2.171
V8164	16.45	27.77	2.95	77.470	46.989	3.455

续表

亲本	穗长 /cm	小穗数 / 个	小穗粒数 / 个	穗粒数 / 个	千粒重 /g	主穗数 /g
8097	11.86	25.68	2.41	56.430	41.082	2.356
84 加 79	17.99	26.73	2.75	67.770	44.128	3.050
豫麦 13	10.87	20.50	2.15	38.570	47.427	1.840
绵阳 01821	10.74	19.77	2.47	43.100	44.911	1.934

数据分析参考莫惠栋数量性状遗传研究的试验设计[4]及双列资料的遗传模型分析[5]，Vr 为公共亲本系列的方差，Wr 为非公共亲本与后裔的协方差（即半同胞的亲子协方差）。若只有加性和显性效应，各公共亲本的 $[Wr-Vr]$ 同质；若存在互作效应，$[Wr-Vr]$ 不同质。为

$[Wr(AA)-Vr(AA)]=uv[d^2-h^2]$, $[Wr(aa)-Vr(aa)]=uv[d^2-h^2]$,

$[Wr(AA)+Vr(AA)=uv(d-h)(3d-h)$, $[Wr(aa)+Vr(aa)]=uv(d+h)(3d+h)$

若不存在显性效应 ($h=0$), $[Wr(AA)+Vr(AA)]$ 与 $[Wr(aa)+Vr(aa)]$ 显然是同质的，若 $h\neq 0$，则不同质 (由于篇幅所限，公式推导详见参考文献[5])。利用此分析各性状的遗传模型。

在加性显性模型适合时，可先假定 $h>0$(即取 h 绝对值)，以确定各亲本所含显、隐性基因数的相对多少及显隐性基因是增效还是减效的。在 $h>0$ 时，$Vr(aa)[uv(d+h^2)]>Vr(AA)[uv(d-h^2)]$，$Wr(aa)[2\ uvd(d+h)]>Wr(AA)[2uvd(d-h)]$，因此在 Wr 依 Vr 的回归图中，AA 位于左下方，aa 位于右上方，即含显性基因愈多的亲本，其 Vr 种 Wr 愈小，而含隐性基因愈多的亲本则 Vr 和 Wr 愈大。

$[Wr+Vr]$ 最小为含显性基因数最多，$[Wr+Vr]$ 最大为含隐性基因最多，$[Wr+Vr]$ 与 $[\overline{P}i]$ 为正相关表示隐性基因为增效基因，若为负相关表示显性基因为增效基因。

2. 结果与分析

2.1 遗传模型的建立

$[Wr+Vr]$ 与 $(Wr-Vr)$ 的方差分析表明 (表 2)，穗部 6 性状 (穗长、结实小穗数、小穗粒数、穗粒数、千粒重和主穗粒重) 的 $[Wr+Vr]$ 均达极显著水平，$[Wr-Vr]$ 小穗粒数达 10% 显著水平，其他 5 性状均未达显著水平，即显性效应真实存在，互作效应 (上位性效应) 可以忽略不计。

W 与 Vr 回归分析表明，穗部 6 性状 Wr 与 Vr 的回归系数均达极显著水平，即符合加性—显性遗传模型，穗长、结实小穗数、小穗粒数和穗粒数 Wr 与 Vr

的回归截距大于 0，属于部分显性遗传；千粒重 *Wr* 与 *Vr* 的回归截距小于 0，属于超显性遗传；单穗粒数 *Wr* 与 *Vr* 的回归截距接近 0，属于完全显性遗传。

表 2　遗传模型分析

性状	*Wr+Vr*	*Wr−Vr*	回归截距（*a*）	回归系数（*b*）
穗长	15.78**	1.25	1.853	1.005**
小穗数	11.99**	1.58	3.092	0.888*
小穗粒数	7.91*	3.56	0.010	0.753**
穗粒数	9.78**	1.89	10.559	1.030**
千粒重	9.02**	2.41	−7.717	1.068**
主穗重	9.80**	2.05	0.005	0.847**

2.2 显隐性基因的分布及作用方向

[*Wr+Vr*] 与 [$\overline{P}i$] 相关点分布 (图 1) 表明，各亲本含显隐性基因相对多少不同。各性状含显性基因的多少顺序如下：

穗长：V816>8097> 灌引 1 号 >84 加 79> 豫麦 13 号 > 绵阳 01821

结实小穗：8097>V816> 灌引 1 号 >84 加 79> 豫麦 13 号 > 绵阳 01821

小穗粒数：84 加 79>8097> 豫麦 13 号 >V8164> 灌引 1 号 > 绵阳 01821

穗粒数：84 加 79>8097> 灌引 1 号 >V816> 豫麦 13 号 > 绵阳 01821

千粒重：豫麦 13 号 >V8164>84 加 79> 绵阳 0182> 灌引 1 号 >8097

单穗粒重：84 加 79>8097>V816> 豫麦 13 号 > 灌引 1 号 > 绵阳 01821

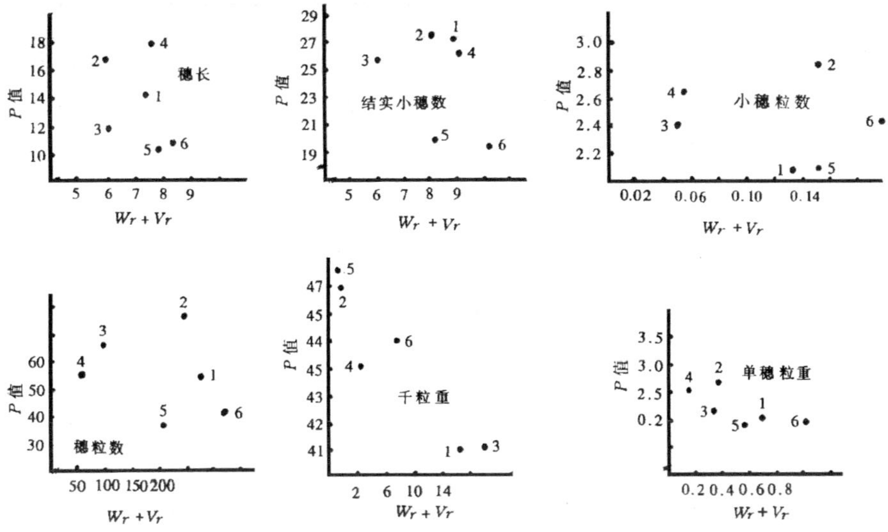

图 1　*P* 与 [*Wr+Vr*] 相关点分布

$[Wr+Vr]$ 与 $[\bar{P}i]$ 相关系数（表 3）分析表明，穗部 6 性状均为 $[Wr+Vr]$ 与 $[\bar{P}i]$ 呈负相关，即显性基因增效，隐性基因减效。若亲本系中含愈多的显性增效基因，亲本性状值愈大，$[Wr+Vr]$ 值愈小；亲本中含愈多的隐性减效基因，亲本性状值愈小，$[Wr+Vr]$ 愈大。

表 3 *Wr+Vr* 与亲本 *Pi* 的相关系数

亲本	穗长 /cm	小穗数 / 个	小穗粒数 / 个	穗粒数 / 个	千粒重 /g	主穗数 /g
灌引 1 号	14.13	27.55	2.11	40.986	40.985	2.171

然而 $[Wr+Vr]$ 与 $[\bar{P}i]$ 的相关系数只有千粒重和主穗粒重达显著水平，其他 4 性状未达显著水平，因此只有在千粒重和主穗粒重中，亲本含显性基因多少与亲本的性状值接近，这是因为在千粒重和主穗粒重的遗传中，显性效应所占比例较大，加性效应所占比例小。

值得注意的是小穗粒数的平均显性度为 1.168，但 $[Wr+Vr]$ 与 $[\bar{P}i]$ 的相关系数也不显著。上文分析表明小穗粒数 $[Wr-Vr]$ 达 10% 显著水平，即具有一定的互作效应存在，系上位性效应干扰影响之故。

2.3 穗部性状之间的相关关系

穗部性状的相关分析表明（表 4），穗长与结实小穗数、小穗粒数、穗粒数及主穗粒重之间存在着显著的正相关关系，可见穗长是穗部一个重要性状，必要的穗长度是保证高穗粒数与高穗粒重的先决条件，育种中以穗长作为大穗的一个指标是有依据的。结实小穗数、小穗粒数与穗粒数和主穗粒重的相关系数分别达显著和极显著水平。相关系数的大小表明二者密切相关的程度不同，小穗粒数较结实小穗数与穗粒数、主穗粒重的关系更为密切；在穗粒数、千粒重与主穗粒重的相关关系中，穗粒数与主穗粒重的相关系数达极显著水平，千粒重与主穗重的相关系数未达显著水平，可以得出穗粒数对主穗重的贡献较千粒重更大。

表 4 各性状之间的相关系数

	穗长	小穗数	小穗粒数	穗粒数	千粒重	主穗数
穗长	1					
小穗数	0.756**					
小穗粒数	0.595*	0.307				
穗粒数	0.822**	0.753**	0.846**			
千粒重	0.231	–0.121	0.271	0.131		
主穗数	0.804**	0.605*	0.859**	0.928***	0.458	
穗轴节间	0.314	–0.044	0.349	0.187	0.205	0.229

在与穗数的相关关系中，相关系数大小为：小穗粒数 > 穗长 > 结实小穗数。因此提高穗粒数、小穗粒数（多花）较结实小穗数作用更大；在与主穗粒重的相关系数中，穗粒数远大于千粒重。在特定地区一定生态条件下，提高千粒重的潜力很有限，提高穗粒数，既可着眼于结实小穗数，也可着眼于多花性（提高小穗粒数），在超高产育种中，大穗比大粒或许更为有效。

穗轴节间与其它性状的相关系数均未达到显著水平，可见在小麦穗部性状中，穗轴节间的长短未构成其它性状的限制因素。

因此良好的穗部结构应是在一定的穗长度基础上，有较多的结实小穗数、小穗粒数和一定的千粒重，从而确保高穗粒数和高穗粒重，达到发挥个体优势，提高产量的目的。

3. 结论与讨论

穗部 6 性状均符合加性显性遗传模型，除小穗粒数遗传具有一定的互作效应存在外，其它 5 性状主要存在加性和显性效应。穗长和结实小穗数以加性效应为主，育种中通过杂交使基因效应产生累加，达到提高穗长和结实小穗数的目的；穗粒数与主穗粒重遗传具有一定的加性效应与一定的显性效应，选育纯系品种须相当推迟选择世代，对杂种小麦具一定应用价值。千粒重属超显性遗传，小穗粒数除加性、显性效应外，还存在一定的互作效应，对杂种小麦利用具有较大价值，选育纯系品种更要推迟选择世代。关于千粒重遗传与前人[2]所得结论有异。

穗部6性状均为显性基因增效，隐性基因减效。用于本研究的6个品种资源，各性状遗传表明具有各不相同的显隐性基因数目。显性效应所占比例愈高的性状，亲本含显性增效基因的多少与亲本性状表现愈可能接近，会表现出含较多的显性增效基因的亲本，性状传递力强的特点，因此对性状基因效应分析结合亲本中显隐性基因分布分析是配合力研究的深入，对于小麦育种中亲本选配、组合筛选及后代鉴定具有一定的指导意义。

在符合加性—显性遗传模型的性状中，以加性效应为主的性状，亲本性状值愈大，后代组合中不易分离出与此亲本性状表现相反的类型，表现出一般配合力高、性状遗传传递力强的特点，易为小麦育种利用，如 84 加 79 和 V8164 的穗长，V8164 与灌引 1 号的结实小穗数；在以显性效应为主的性状中，亲本性状值愈大且含有愈多的显性增效基因，后代组合中也不易分离出与此亲本性状表现相反的类型，同样表现出性状遗传传递力强的特点，亦易为育种利用；在加性与显性效应各占一定比例的性状遗传中，亲本性状的配合力与显性度及显隐性基因的分布有关，含显性增效基因多的亲本会表现出遗传传递力强的特点。由于性状遗传的复杂性，小麦育种中在筛选亲本性状后，须进行大量组合配制。通过 F_1 乃至 F_2，F_3 代性状表现才能确定重点组合，进而寻求那些性状遗传传递力强并能产生超亲遗传的亲本组合的原因。前人研究[1, 2]未曾涉猎此方面的内容。

穗部性状相关分析表明，提高穗粒数，小穗粒数较结实小穗数作用更大；提高主穗粒重，穗粒数较千粒重作用更大。因此穗部性状改良中，从结实小穗数、小穗粒数（多花）及千粒重协调发展考虑可能会取得更大成效。

参 考 文 献

[1] Griffing B. Concept of general and specific combining ability in relation to diallel crossing system[J].Australian J.Biological science,1956,9(4)：463-493.

[2] 莫惠栋. 双列资料的遗传模型分析 [J]. 江苏农学报，1987，8(1)：59–64.

[3] 郑有良，颜济，杨俊良. 多小穗小麦“10–4A”穗部特异性状基因效应的遗传与相关分析 [J]. 作物学报，1994，20(5)：536-541.

[4] 陈集贤，郜和臣. 11 个春小麦品种产量性状的配合力分析 [J]. 作物学报，1981，7(3)：201–207.

[5] 沈秋泉，张全德，黄纯农. 小麦 24 个亲本双列杂交配合力、遗传力和杂种优势分析 [J]. 作物学报，1981，7(4)：217-223.

原载于《河南农业大学学报》1997，31（1）

超大穗小麦 84 加 79-3-1 穗部性状的基因效应分析

王瑞　王怡　杜连盟

（陕西省小麦研究中心　杨陵 712100）

提要：以多穗形小麦陕 229 为测验系，与超大穗小麦 84 加 79-3-1 组配为 P_1、P_2、B_1、B_2、F_1 和 F_2 世代材料，采用明道绪提出的“利用各世代的小区平均数估计遗传参数的加权最小二乘法”对 84 加 79-3-1 穗部性状的基因效应进行了研究。结果表明，穗长遗传加性效应作用显著；结实小穗数遗传加性效应、加性与显性互作效应作用显著；小穗粒数遗传力低，各荚基因效应均不显著；穗粒数遗传，加性效应、显性与显性互作效应作用显著；千粒重遗传、加性效应，加性与显性互作效应作用显著；单穗重遗传、加性效应，加性与显性互作效应、显性与显性互作效应作用显著。因此，该材料无论对于选育纯系品种还是杂种优势利用均具有广泛的应用前景。

关键词：超大穗小麦 84 加 79-3-1；穗部性状；基因效应

罗洪溪等利用长穗偃麦草（*Agropyron elongatum*）、黑麦 (*Secale cereale* L.) 与普通小麦 (*Triticum aestivum* L.) 进行多元聚合杂交选育的超大穗小麦 84 加 79-3-1，具有穗长度长、结实小穗多、多花性好、千粒重高等优异的穗部性状，是多小穗小麦资源中性状较全面，有很高利用价值的亲本材料。因此，研究其穗部优异性状的遗传特点，对于数量遗传研究及高产、超高产育种均具有十分重要的意义。

1. 材料与方法

1990—1991 年选用多穗形小麦新品种陕 229 为测验系，与超大穗小麦 84 加 79-3-1 杂交得到 F_1 代材料，1991—1992 年利用 F_1 再与双亲杂交获得 B_1 与

B_2 种子，同时进行双亲杂交获得 F_1 种子，并收获 F_1 植株自交结实的 F_2 种子，组成 P_1（84 加 79–3–1），P_2(陕 229)、B_1（84 加 79/ 陕 229 // 84 加 79–3–1），B_2（84 加 79/ 陕 229 //陕 229）、F_1 及 $F_2$6 个世代材料，1992—1993 年按随机区组设计，重复 3 次，2 行区，行距 30 cm，行长 2 m，株距 10 cm。P_1、P_2 和 F_1 各 1 区，F_2 4 区，B_1 与 B_2 各 2 区，试验地栽培管理一致。收获时 P_1、P_2 和 F_1 取样 10 株左右，F_2 取样 50 株左右，B_1、B_2 各取样 20 株左右，测主穗的长度、结实小穗数、每小穗平均粒数（简称小穗粒数）、穗粒数、粒重及单穗重。

基因效应分析采用明道绪 (1991) 提出的“利用各世代的小区平均数估计遗传参数的加权最小二乘法”，按性状分类进行遗传参数的估算及检验。

2. 结果与分析

超大穗小麦 84 加 79–3–1 穗长、结实小穗数、小穗粒数、穗粒数、千粒重及单穗重遗传均符合加性—显性—互作模型，即加性效应、显性效应及基因互作效应均真实存在，故可对这些遗传参数做进一步统计分析。表 1 为各性状各类基因效应估计值及显著性检验结果；表 2 为各类基因效应差异显著性检验结果。[d] 为加性效应，[h] 为显性效应，[i] 为加性与加性互作效应，[j] 为加性与显性互作效应，[l] 为显性与显性互作效应，[m] 为各性状平均值。

表 1　各性状各基因效应估计值及显著测验

性状	（m）	（d）		（h）		（i）		（j）		（l）	
		效应值	*F*	效应值	*F*	效应值	*F*	效应值	*F*	效应值	*F*
穗长（cm）	13.29	3.90	39.84**	2.13	0.63	1.23	0.69	–0.94	–1.06	–0.31	–1.13
小穗数	23.09	4.37	24.36**	–0.60	–0.20	0.38	0.28	–1.55	–2.46*	1.29	1.32
小穗粒数	3.36	0.08	1.29	–1.28	–0.75	–0.43	–0.57	0.20	0.54	1.20	1.22
穗粒数	75.08	7.32	9.17**	–23.92	–0.87	–8.00	–0.67	1.64	0.26	29.03	1.86
千粒重（g）	43.01	1.17	4.13**	7.82	0.81	–3.84	–0.82	4.85	2.29*	–2.06	–0.37
单穗重（g）	3.64	0.38	9.71**	–1.64	–1.50	–0.10	–2.08	0.75	3.13	1.99	3.14

5% 水平差异王著； *1% 水平差异显著。

表 1、表 2 结果表明，穗长遗传，加性正效应达极显著水平，其它各类效应作用均不显著，各效应值大小：[d]>[h]>[i]>[l]>[j]，[d] 与 [h]、[i] 差异不显著；

[d] 与 [l]、[j] 差异显著；[h] 与 [j] 差异显著；[h] 与 [i]、[l] 差异不显著。可见穗长以加性效应为主，也有一定的显性效应及加性—加性互作效应；[d]+[h] 与 [i]+[j]+[l] 差异显著；表明穗长遗传符合加性—显性模型。互作效应可忽略不计。

表 2　各基因效应间差异显著性检验

	穗长	小穗数	小穗粒长	穗粒长	千粒重	单穗重
[d]–[h]	1.77	4.97**	2.04	31.24**	–6.65*	2.02**
[d]–[i]	2.67	3.99**	1.86	15.32	4.65	0.48
[d]–[j]	4.84**	5.92**	0.75	5.68	–3.68	–0.37
[d]–[l]	4.21**	3.08*	0.07	–22.61*	3.23	–1.61*
[h]–[i]	0.90	–0.96	–0.8	–15.92	11.30**	–1.54*
[h]–[j]	3.07*	0.95	–1.29	–25.56*	2.97	–2.39**
[h]–[l]	2.44	1.89	–1.97	–53.85**	9.88*	–3.63**
[i]–[j]	2.17	1.93	–1.11	–9.64	–8.33	–0.83
[i]–[l]	1.54	–0.91	–1.79	–37.93**	–1.42	–2.09**
[j]–[l]	–0.63	–2.84*	–0.68	–28.29**	6.91*	–1.24
([d]–[h])—	6.05*	3.65*	–0.65	–40.17**	9.68*	–3.90**

*5% 水平差异显著；**1% 水平差异显著。

结实小穗数遗传，加性效应极显著存在，加性与显性互作负效应显著存在，各效应值大小，[d]>[l]>[i]>[h]>[j]。[d] 显著高于 [l]、[i]、[h]、[j]，[l] 显著高于 [j]，[i]、[h] 和 [j] 三者差异不显著。[l] 为正值，[j] 为负值，因此小穗数杂种优势较弱，互作正负效应抵消；[d]+[h] 与 [i]+[j]+[l] 差异显著，表明小穗数也符合加性—显性遗传模型。互作效应可忽略不计。

小穗粒数易受环境影响，遗传力低，各类基因效应差异均不显著。各效应值大小：[l]>[j]>[d]>[i]>[h]，[h] 与 [l] 正负效应抵消，故小穗粒数表现较弱的杂种优势。[d]+[h] 与 [i]+[j]+[l] 差异不显著，表明各类基因效应均对小穗粒数有作用。

穗粒数遗传，加性正效应达极显著水平，显性与显性互作正效应达 10% 显著水平，表明有一定的杂种优势表现。各类效应大小：[l]>[d]>[j]>[i]>[h]，[l] 显著高于 [d]，[d] 与 [j]、[i] 差异不显著，[d] 与 [h] 差异显著；([d]+[h]) 与 ([i]+[j]+[l]) 差异极显著——互作效应显著高于加性与显性效应之和。综上所述，可见加性效应、显性与显性互作效应及其他互作效应均很重要。

千粒重遗传，加性效应达极显著水平，加性与显性互作正效应达显著水平，其它效应均未达显著水平，可见千粒重有一定的杂种优势表现。各类效应大小：

[h]>[j]>[d]> [l]> [i]>[h] 显著高于 [d]、[l] 和 [i]，[h] 与 [j] 差异不显著，可见加性效应、显性效应及加性—显性互作效应都是比较重要的，([d]+[h]) 与 ([i]+[j]+[l]) 差异不显著，表明互作效应对于千粒重遗传是不容忽视的。

单穗重遗传，加性效应达极显著水平，加性与显性互作正效应达显著水平，显性与显性互作正效应达显著水平，其它效应未达显著水平，可见单穗重有很强的杂种优势表现。各效应大小：[l]>[j]>[d]>[i]>[h]，[l] 显著高于 [d]、[i]、[h]，与 [j] 差异不显著，[j] 与 [d] 差异不显著，[j] 显著高于 [i] 和 [h]；[d] 与 [i] 差异不显著，[d] 显著高于 [h]。可见各类效应（除 [h] 外）对于单穗重遗传均比较重要，([i]+[j]+[l]) 显著高于 ([d]+[h])，表明互作效应更为重要。

由上述分析看出，84 加 79–3–1 穗部性状遗传表现复杂，穗长与结实小穗数符合加性—显性模型，主要以加性效应为主，早代选择有效，小穗粒数遗传力低；千粒重、穗粒数与单穗重除加性效应外，互作效应不容忽视甚至更为重要，且具有中—强的杂种优势表现，在中代甚至高代性状才能稳定下来，选择方有效。

3. 讨论

作者曾用 6 个穗部性状典型材料进行不完全双列杂交，采用莫惠栋双列资料数量性状遗传分析，表明穗部 6 性状符合加性—显性遗传模型。6 世代材料分析看出，除穗长与结实小穗数外，其它 4 个性状，仅用 F_1 代材料明显扩大了加性、显性遗传效应，降低了基因互作效应，尤其对穗粒数、单穗重等复合性状，杂种优势表现主要是互作效应作用结果。事实上产量性状和品质性状等经济性状都是复合性状，由数个亚性状组成。复合性状互作效应显著，在中高代选择有效。

84 加 79–3–1 穗部性状基因效应分析表明，单穗重具有较强的杂种优势。其次是千粒重、穗粒数、穗长，最后为结实小穗数与小穗粒数，与双列杂交所得结果基本一致；穗部 6 个性状中除小穗粒数外，其它 5 性状基因加性效应均真实存在。

参 考 文 献

[1] 罗洪溪、张效良、马万民. 小麦超大穗材料的选育 [J]. 国外农学——麦类作物，1993(4)：34-37.

[2] 明道绪. 利用各世代的小区平均數估计遗传参数的最小二乘法 [J]. 遗传学报，1991，18(5)：437-445.

[3] 明道绪. 利用各世代小区平均數的加权最小二乘法在玉米数量性状遗传分析上的应用 [J]. 遗传学报，1991，18(6)：513-519.

[4] 莫惠栋. 双列资料的遗传模型分析 [J]. 江苏农学院学报，1987，8(1)：59–64.

原载于《陕西农业科学》1995（6）

普通小麦多小穗与高分子量谷蛋白亚基组成关系分析

王瑞[1] 赵昌平[2] 王光瑞[3] Peňa R J and Jorge Z H[4]

(1 陕西省农业科学院粮食作物研究所，陕西杨陵 712100)

（2 北京市农业科学院作物研究所，北京 100081）

（3 中国农业科学院作物研究所，北京 100081）

(4 International Maize and Wheat Improvement Center)

摘要：选用 CIMMYT 选育的普通小麦（*T. aestizrum* L.）高代品系多小穗（结实小穗为 29 ～ 33 个）及普通（结实小穗为 22 ～ 29 个）品系 93 个材料，分析了产量因子和品质指标之间的相关关系。结果表明，除高分子量 (HMW) 谷蛋白亚基组成与 SDS 沉淀值之间存在极显著正相关关系外，结实小穗与 SDS 沉淀值及 HWM 谷蛋白亚基组成、千粒重与 SDS 沉淀值及 HMW 谷蛋白亚基组成之间均无显著相关关系，即产量因子与加工品质之间无紧密联系；HMW 谷蛋白亚基与多小穗性状的效应分析表明，控制 HMW 谷蛋白亚基基因与多小穗基因之间无紧密连锁关系；实际育种中重视产量性状选育，相对忽视品质性状选育是多小穗品系中正效应亚基频率下降，负效应亚基频率上升的可能原因。

关键词：普通小麦，多小穗，高分子量谷蛋白

The Relation between More-Spikelet and High-Molecular-Weight Subunit Compositions in Hexaploid Wheat

Wang Rui (Shaanxi Academy of Agricultural Sciences, Yangling Shaanxi 712100)

Zhao Changping(Beijing Academy of Agricultural Sciences, Beijing 100081)

Wang Guangrui(China Academy of Agricultural Sciences. Beijing 10008l)

Peňa R J and Jorge Z H(International Maize and Wheat Improvement Center)

Abstract: The 93 advanced lines of more-spikelet(29 ～ 33) and common lines(22 ～ 29) from CIMMYT yield test of winter hexaploid wheat in 1994 were studied from spikelets, 1000-kernel-weight, high-molecular-weight subunit compositions, SDS micro-sedimentation test(MST) and their relations. Highly significant positive correlation between *Glu-1* quality score and MST, no significant correlations between spikelets and *Glu-1* quality score, spikelets and MST, 1000-kernel-weight and *Glu-1* quality score, 1000-kernel-weight and MST. The results of effects of individual subunit of HMW glutenin to spikelets and 1000-kernel-weight suggest no linkage more-spikelet with positive-effect subunits of HMW glutenin. But in practical breeding program, yield selections are paid more attention and result in decreasing of frequencies of positive-effect subunits of HMW glutenin in more-spikelet wheat.

Key words: Hexaploid wheat; More-spikelets; HMW glutenin subunits

普通小麦（*T. aestivum* L.）性状间互相制约，存在着常数关系[1]，如高产与优质，多小穗与早熟等。小麦产量水平与籽粒蛋白质含量间存在着负相关，蛋白质含量与赖氨酸含量间存在着负相关[2,3]，使得高产品种品质改良受阻。一些研究表明小麦产量与加工品质间并无紧密联系[4]。品质研究表明影响小麦面粉最终产品质量更重要的因素是加工品质而不是营养品质[4,5,6,7]。粗蛋白含量、SDS 沉淀值、Zeleny 沉淀值等与面包体积相关系数 0.35 ～ 0.86[7,8,9]，相关系数最大是 SDS 沉淀值，小麦胚乳贮藏蛋白中高分子量 (HMW) 谷蛋白亚基组成与面包品质存在广泛相关关系[5,7,8,9,10,11]；赵和等曾对大量国内外品种农艺性状与 HMW 谷蛋白亚基组成及常规品质关系进行分析，发现农艺性状与品质指标间无密切关系。多小穗是小麦高产、超高产主要目标性状之一，选用一批多小穗品种，研究其与 HMW 谷蛋白亚基组成、SDS 沉淀值的关系，探讨优质高产结合的途径，对于小麦优质高产育种理论与实践具有重要意义。

1. 材料与方法

1.1 材料

选用 CIMMYT(国际玉米小麦改良中心，墨西哥) 冬小麦高代品系产量鉴定材料 93 个，分二组，一为多小穗组，结实小穗数 29 ～ 33 个，共 55 个品系；二为对照组，结实小穗为 21 ～ 29 个，共 38 个品系。多小穗组成见表 1。

表 1　参试材料结实小穗组成

Table 1　The spikelet compositions of the materials

多小穗组 More–spikelet group		对照组 Check group	
结实小穗数 Spikelets	品系数 Lines	结实小穗数 Spikelets	品系数 Lines
33	1	21 ～ 23	8
32	2	24 ～ 26	7
31	10	26 ～ 27	12
30	10	28	7
29	32	29	4

1.2 电泳 (SDS–PAGE)

蛋白质采用 Tris（三叉基氨基甲烷）– 盐酸提取液提取。取材来源于 5 ～ 6 基本粒全麦粉。

电泳浓缩胶采用 4% 丙烯酰胺、0.3% 甲叉双丙烯酰胺、0.1%SDS，分离胶采用 8.7% 丙烯

酰胺，甲叉双丙烯酰胺与 SDS 浓度同浓缩胶及 0.38%Tris – 盐酸缓冲液。

1.3 SDS 微量沉淀值测定 (MST)

称量 cyclone 磨粉机磨的全麦粉 1 g，加 6 mL 1% 考马斯亮蓝溶液，置于带盖刻度管 (1.5 cm × 20 cm) 中，然后振荡 20 s →静置 3 min →摇动 15 s →加 19 mL 2% SDS 乳酸溶液→摇床上摇动

1 min →垂直静置 14 min 读数。

2. 结果与分析

2.1 产量因子与品质参数的相关分析

93 个普通小麦高代品系结实小穗、千粒重、SDS 沉淀值及小麦贮藏蛋白 HMW 谷蛋白亚基组成 *Glu-1* 品质得分相关分析表明（表 2），SDS 沉淀值与 *Glu-1* 品质得分之间存在着极显著正相关关系，相关系数为 r=0.695，即 HMW 谷蛋白亚基组成与小麦品质有着重要关系，这与国内外有关此方面研究结果一致 [9,13,18]；结实小穗数与 SDS 沉淀值、HMW 谷蛋白 *Glu-1* 品质得分之间无显著

相关关系（相关系数分别为 –0.089 与 –0.599)；千粒重与 SDS 沉淀值、*Glu-1* 品质得分之间也无显著相关关系（相关系数分别为 –0. 0319 与 –0. 0348)。可见结实小穗数、千粒重等产量因子与品质指标 SDS 沉淀值及 HMW 谷蛋白亚基组成之间无紧密联系，这与国内外从面团流变学特性等加工品质方面分析结果一致 [4,5]。

表 2　93 个高代品系产量因子与品质指标的相关系数

Table 2　The correlation coefficients between yield components and quality parameters of 93 advanced lines

	结实小穗 Spikelets	千粒重 1000 kernel weight	*Glu-1* 得分 Quality score	SDS 沉淀值 Sedimentation value
结实小穗 Spikelets	1	0.0342	–0.0890	–0.0599
千粒重 1000 kernel weight		1	–0.0319	–0.0348
Glu-1 品质得分 Quality score			1	0.695**
SDS 沉淀值 Sedimentation value				1

注：** 达 1% 极显著水平。Note：**1% Significant difference.

2.2 产量因子与 HMW 谷蛋白亚基效应分析

单个 HMW 谷蛋白亚基的平均结实小穗数与平均 SDS 沉淀值见表 3。结果表明：沉淀值，*Glu-A1* 位点，亚基 2*(14.91 mL)>1(11.43 mL)>N(9.93 mL)；*Glu-B1* 位点，亚基 7+8(15.83 mL) > 7+9 等 (12.60 mL) > 17+18(10.28 mL)；*Glu-D1* 位点，亚基 5+10(13.65 mL) > 2+12(10.46 mL)。*t* 测验表明，单个亚基的品质效应，2*，7+8，5+10 与同位点其它亚基效应差异达显著水平，即对品质贡献为正效应，这与国内外大多数品种单个亚基对面包品质效应排队基本一致。单个 HMW 谷蛋白亚基的结实小穗数表现为：*Glu-A1* 位点，含亚基 2* 品系 23 个，平均结实小穗数为 28.10，含亚基 1 品系 7 个，平均结实小穗数为 27.14，具有亚基 N（无效基因）品系 63 个，平均结实小穗数为 28.21；*t* 测验三者之间差异不显著；*Glu-B1* 位点，含亚基 7+8 品系 3 个，平均结实小穗数为 28. 67 个，含亚基 17+18 品系 58 个，平均结实小穗数为 28.64，含亚基 7+9、6+8、7、21 等品系 32 个，平均结实小穗数为 27.13，前二者含正效应亚基结实小穗还略高于其它负效应亚基；*Glu-D1* 位点，含亚基 5+10 品系 23 个，平均结实小穗数为 27.65，含亚基 2+12 品系 70 个，平均结实小穗数为 28.26，*t* 测验二者差异不显著。*Glu-D1* 位点 HMW 亚基组成对品质有重要影响 [9,10]，正效应亚基 5+10

的平均结实小穗数略低。

单个 HMW 谷蛋白亚基的平均千粒重表现同结实小穗数表现一致，正效应亚基与负效应亚基之间差异经 *t* 测验未达到显著水平，在此不再赘述。

以上分析表明，控制 HMW 谷蛋白亚基基因与多小穗、千粒重基因之间无紧密连锁关系，育种中通过 HMW 谷蛋白亚基基因与多小穗、高粒重基因结合，期望选育出优质高产品种。

表 3　HMW 谷蛋白单个亚基的平均结实小穗数，SDS 沉淀值及千粒重

Table 3　The means of spikelets, MST and 1000–kernel–weight of individual subunit of high–molecular–weight glutenin

位点 Loci	*Glu-A1*			*Glu-B1*		
等位基因 Allele	N	1	2*	7+8	17+18	7+9
6+8						
频率 Frequencies(%)	67.7	7.53	24.73	3.23	62.37	34.41
沉淀值（MST）（mL）	9.93	11.4	14.91	15.83	10.28	12.60
结实小穗 Spikelets	28.21	27.14	28.10	28.67	28.64	27.13
千粒重 Kernel weight(g)	33.55	38.86	38.10	36.00	39.55	33.94

2.3 多小穗小麦 HMW 谷蛋白亚基频 38.86 率变化

多小穗组与对照组 HMW 谷蛋白亚基出现频率（表 4）比较表明，*Glu-A1* 位点，正效应亚基 2* 频率：多小穗组 (21.82%)< 对照组 (26. 32%)。*Glu-B1* 位点，正效应亚基 7+8 频率：多小穗组 (3. 64%)< 对照组 (5.20%)。*Glu-D1* 位点，正效应亚基 5+10 频率：多小穗组 (23.64%)< 对照组 (28.95%)。实际育种中可能由于重视产量性状选育，相对忽视品种品质性状选育导致正效应亚基频率呈下降趋势。

表 4　多小穗组与对照组 HMW 谷蛋白亚基频率

Table 4　The frequency comparation of HMW glutenin subunits between more–spikelet group and check group

位点 Loci	等位基因 Alleles	多小穗组 More–spikelet group	对照组 Check group
Glu-A1	N	72.7	63.2
	1	5.45	10.53
	2*	21.82	26.32
Glu-B1	7+8	3.64	5.26
	17+18	69.09	52.63
	7+9,6+8,7,20	27.27	42.11
Glu-D1	5+10	23.64	28.95
	2+12	76.36	71.05

3. 讨论

根据 Payne[10] 等建立的 HMW 谷蛋白 *Glu-1* 品质得分体系，本文印证了国外大多数研究结果中单个亚基对面包品质效应排队及 HMW 谷蛋白亚基组成与面包品质之间有着重要相关关系结论。

通过对产量因子结实小穗数、千粒重与重要品质指标 SDS 沉淀值、HMW 谷蛋白亚基组成相关分析得出产量因子与较大程度反映加工品质和蛋白质质量的品质指标间无紧密联系，从另一侧面印证了小麦产量与加工品质间无密切联系的结论 [4]。从单个亚基与结实小穗、千粒重的效应分析得出多小穗、粒重基因与 HMW 谷蛋白亚基基因间无紧密连锁关系，为多小穗小麦品质改良提供了理论依据。由于产量与面粉品质都是复合性状，是遗传、生理发育及环境影响的综合产物，结实小穗与 HMW 谷蛋白亚基组成是单一性状，直接受遗传基因控制且与产量、面包品质有很高相关性，可直接用于育种中亲本选配与分离世代处理，本研究对高产优质育种理论与实践具有重要意义。

前人研究 [4,8,12] 用一般结实小穗数，本研究选用多小穗品系，目的在于研究小麦资源中某一性状过渡发展是否限制其它性状改良。目前对 HMW 谷蛋白亚基、低分子量 (LMW) 谷蛋白亚基及醇溶蛋白组成基因染色体定位较清楚 [10]，而对控制数量性状多小穗基因染色体定位报道甚少，要进一步探讨多小穗品系中正效应亚基频率呈下降趋势，是由于育种中重视产量性状选育而相对忽视品质性状选育所导致，还是其他原因，有待于多方面研究进一步确证。

参 考 文 献

[1] 严威凯，王辉．小麦杂交育种中若干问题的思考和讨论 [J]．麦类作物，1991(5)：46–48.

[2] 吴兆苏．小麦育种学 [M]．北京：农业出版社，1990，317–336.

[3] 王岳光，刘广田．小麦籽粒蛋白质研究概况 [J]．北京农业（增刊），1994：10–13.

[4] 刘广田，Kling CH．四十年来北京冬小麦主要推广品种籽粒品质状况及发展方向 [J]．北京农业（增刊），1994；21-28.

[5] R. Carl Hoseny. Principle of cereal science and technology [M]. New York: AACC Inc., 1986.

[6] Hamed Faridi. Rheology of wheat products [M]. New York: AACC Inc., 1985.

[7] Ann–oharlotte Eliasson, Kare Jasson. Cereal in Breadmaking[M].New York: Maroel dekking Inc., 1993.

[8] Peňa R J.Genetic, Biochemical and Rheological Aspects considered at CIMMYT for the improvement of Wheat and Trituale[M]. Mexico: Cimmyt Communication(print), 1993.

[9] Kolster P,Euwijk F A,Van Gelder W M J.Additive and epistic effects of allelic variation at high molecular weight glutenin subunit loci in determining the breadmaking quality of breeding lines of wheat[J]. Euphytica, 1991(55): 277-285.

[10] Payne P I, Lawrence G J. Catalogue of alleles for the complex gene loci, Glu-A1, Glu-B1, Glu-C1, which code high-molecular-weight subunits of glutenin in hexaploid wheat[J]. Cereal Research Communications, 1983, Vol.11: 29-35.

[11] Wang G, Snape J W. The high–molecular–weight glutenin subunit compositions of Chinese bread wheat varieties and their relations with bread-making quality[J]. Euphytica. 1993(68): 205-212.

[12] 赵和，卢少和，李中智．小麦高分子量麦谷蛋白亚基遗传变异及其与品质和其它农艺性状关系的研究 [J]．作物学报，1994，20(1)：67-75.

原载于《西北植物学报》1995,15（4）

一些小麦 1B/1R 易位系品质基因多样性分析

王瑞[1] 张改生[1] 王宏[1] F J Zeller[2] S L K Hsam[2]

(1 西北农林科技大学农学院，陕西杨凌 712100;

2 德国慕尼黑技术大学植物育种研究所，德国慕尼黑 D-85350 Freising-Weihenstephan)

摘要： 利用 SDS-PAGE 和 A-A-PAGE 分析了 38 份小麦 1B/1R 易位系 *Glu-1*、*Glu-3*、*Gli-1* 位点基因组成，结果表明：小麦 1B/1R 易位系中品质基因多样性降低，*Glu-1*、*Glu-3* 编码的高、低分子量谷蛋白亚基种类减少，*Glu-B*1 位点含有的优质亚基比例明显下降，*Gli-1* 位点编码的醇溶蛋白比例增加，导致抗病劣质。因此对于抗病品种品质改良要着重于改变其遗传组成，尤其是 *Glu-1*、*Glu-3*、*Gli-1* 位点基因组成，尽可能打破 *Glu-3*、*Gli-1* 位点基因连锁关系，淘汰 *Glu-3* 位点基因的 j，导入一些优良的品质基因。

关键词： 小麦 1B/1R；品质；基因变异

Genetical Variation of Quality Genes in 38 1B/1R Translocation Wheat Cultivars in China

Wang Rui[1] Zhang Gaisheng[1] Wang Hong[1] F J Zeller[2] and S L K Hsam[2]

(1 Agronomy College, Northwest Sci-Tech University of Agriculture and Forestry, Yangling 712100, Shaanxi, China; 2 Plant Breeding Institute, Technical University of Munchen, D-85350 Freising-Weihenstephan, Germany)

Abstract: The relation of poor quality to 1B/1R translocation lines were analyzed according to the banding patterns of HMWgs, LMWgs and HMW gliadins of 38 wheat translocation wheat cultivars were using two-step SDS-PAGE and a modified A-PAGE. The results show the HMW, LMW glutenin subunit types and positive subunits of HMWgs decrease, the HMW gliadins increase lead to poor quality in 1B/1R translocation lines. we should pay attention to change the compositions of *Glu-1*,*Glu-3*,*Gli-1* in order to improve the quality of resistance-disease cultivars, especially try to break the linkage of *Glu-3* and *Gli-1* loci, discard type j encoded by *Glu-B3*, transfer positive subunits.

Key words: Wheat landraces; HMW; Gene variation

普通小麦包括农家种在进化过程中产生了大量的 1B/1R 易位系（小麦 1B 和黑麦 1R 染色体发生片段互换），小麦中相当一部分抗条锈和抗白粉病基因来源于 1B/1R 易位系，但黑麦带给小麦的除了抗病性外，还有不良品质 [1-3]。

位于小麦同源群 1 染色体长臂上的高分子量谷蛋白亚基基因 (*Glu-1* 位点控制通常 *Glu-A1* 位点编码的 1、2*，*Glu-B*1 位点编码的 7+8、13+16、14+15 和 17+18，*Glu-D1* 位点编码的 5+10 对品质具有正效应，其它亚基则相反 [4-7]。低分子量谷蛋白亚基（*Glu-3* 位点控制）和高分子量醇溶蛋白（*Gli-1* 位点控制）的编码基因位于小麦同源群 1 染色体的短臂上。SDS-PAGE 图谱中 *Glu-B3* 位点编码的 j 和 A-PAGE 图谱中 *Glu-B3* 位点编码的 1 为 1B/1R 易位而来。本文采用 Gupta 等 [11] 分步法 SDS-PAGE，再配合改良的 A-PAGE 方法 [11-12], 研究了我国一些小麦 1B/1R 易位系的劣质与胚乳蛋白 *Glu-1*、*Glu-3*、*Gli-1* 组成的关系，以期为小麦育种提供基础和参考信息。

1. 材料与方法

1.1 材料

A-PAGE 图谱中 *Gli-B1* 位点编码的 1 亚基为 1B/1R 易位系，选用小麦 1B/1R 易位系 38 个。

1.2 方法

1.2.1 高分子量醇溶蛋白遗传组成

采用 A-PAGE 分析，参考 Jackson E A 提出的位点图谱 [8]，依据 20 个标准品种的 A-PAGE 图谱进行辨读 [9, 12]。

1.2.2 高、低分子量谷蛋白亚基组成

采用 Gupta 分步法 SDS-PAGE 进行，按照 20 个标准品种的图谱进行辨读 [11, 12]。

2. 结果

2.1 *Glu-1* 基因位点控制的高分子量谷蛋白亚基变异特点

38份小麦1B/1R易位系中共检测到17种图谱（表1），其中*Glu-A1*、*Glu-B1*、*Glu-D1*位点控制均为正效应亚基的材料只有4份，即陕优412（2*，7+8，5+10）、绵阳89–47（2*，13+16，5+10）、山农912649和小黑小（1，7+8，5+10）；占比例最大的图谱依次是（N，7+9，2+12）（21.1%）、（1，7+8，2+12）（13.2%）、（N，7+8，2+12）（10.5%），其次是（1，7+9，5+10）和（2*，7+9，2+12）各占7.9%，（1，7+9，2+12）、（1，14+15，2+12）、（1，7+8，5+10）各占5.3%，其余图谱(2*，17+18，2+12)、（N，13+16，2+12）、（2*，7+8，5+10）、（N，7+9，3+12）、(1，7+9，4+12)、（N，7+9，5+10）、（2*，13+16，5+10）、（2*，20，5+10）和（2*，7+9，5+10）各占2.6%。

*Glu-A1*位点基因编码的亚基1和2*占60.5%，N占39.5%；*Glu-B1*位点基因编码的亚基17+18、13+16、7+8和14+15占44.7%，7+9和20占55.3%；*Glu-D1*位点基因编码的亚基5+10占26.3%，2+12、3+12、4+12占73.7%。

因此，与一般品种比较[13]，1B/1R易位系中HMWGS图谱多样性降低，*Glu-B1*位点含有的优质亚基比例明显下降。

表1 一些小麦1B/1R易位系 *Glu-1*、*Glu-3* 和 *Gli-1* 位点基因组成

Table 1 The HMWgs, LMWgs and HMW gliadin compositions of 1B/1R translocation lines in wheat

序号	品名	来源	*Glu-A1*	*Glu-B1*	*Glu-D1*	*Glu-A3*	*Glu-B3*	*Glu-D3*	*Gli-A1*	*Gli-B1*	*Gli-D1*
1	阎麦8911	陕西	N	7+9	2+12	d	j	a	o	l	f
2	86303–1	贵州	N	7+9	2+12	e	j	a	m	l	d
3	西农No.186	陕西	1	7+9	2+12	f	h	a	b	l	d
4	CH270	贵州	N	7+9	2+12	a	b	a	b	l	a
5	节燕普95–1	贵州	1	7+9	5+10	e	j	c	m	l	i
6	8662–1–4–4–5	陕西	N	7+8	2+12	e	j	c	m	l	i

续表

序号	品名	来源	*Glu-A1*	*Glu-B1*	*Glu-D1*	*Glu-A3*	*Glu-B3*	*Glu-D3*	*Gli-A1*	*Gli-B1*	*Gli-D1*
7	BT873	河北	N	7+9	2+12	d	j	a	o	1	g
8	陕优412	陕西	2*	7+8	5+10	f	j	a	b	1	g
9	9042	陕西	N	7+8	2+12	f	j	c	b	1	i
10	郑资8204	河南	N	7+8	2+12	e	j	d	1	1	a
11	郑资R85100	河南	2*	20	5+10	a	j	c	1	1	i
12	郑资R87127	河南	N	7+9	2+12	d	j	a	o	1	d
13	豫麦16	河南	1	7+9	2+12	a	j	c	f	1	i
14	矮西密3号	河南	2*	7+9	5+10	d	j	a	o	1	a
15	山农830076	山西	N	13+16	2+12	a	j	c	a	1	f
16	绵阳89–47	四川	2*	13+16	5+10	e	j	a	m	1	a
17	云引2号	四川	2*	7+9	2+12	f	j	a	b	1	a
18	淮阴84107	江苏	N	7+9	2+12	f	j	a	b	1	a
19	烟1604	山东	1	7+9	4+12	a	j	a	m	1	g
20	徐州504	江苏	N	7+8	2+12	d	j	a	o	1	d
21	石86–5744	河北	1	14+15	2+12	f	j	a	b	1	g
22	山农912649	山东	1	7+8	5+10	a	j	a	f	1	g
23	CA8695	河北	2*	7+9	2+12	a	j	a	1	1	a
24	鲁麦15	山东	1	7+8	2+12	f	j	a	b	1	a
25	临汾7203	山西	N	7+9	5+10	a	j	c	f	1	i
26	冀91–6048	河北	N	7+9	3+12	f	j	a	b	1	a

续表

序号	品名	来源	*Glu-A1*	*Glu-B1*	*Glu-D1*	*Glu-A3*	*Glu-B3*	*Glu-D3*	*Gli-A1*	*Gli-B1*	*Gli-D1*
27	冀 92–4424	河北	2*	17+18	2+12	a	j	c	f	l	i
28	京冬1号	北京	2*	7+9	2+12	a	j	a	new	l	a
29	黔花4号	贵州	1	7+9	5+10	a	j	a	f	l	a
30	小黑小	河南	1	7+8	5+10	f	j	a	f	l	a
31	肯贵1号	贵州	1	7+9	5+10	a	j	a	f	l	a
32	花培 28	河北	N	7+9	2+12	f	j	a	b	l	a
33	紫秸白	山东	1	7+8	2+12	f	j	c	b	l	f
34	鲁麦 23	山东	1	14+15	2+12	a	j	c	f	l	i
35	鲁麦 11	山东	1	7+8	2+12	a	j	c	f	l	i
36	山 1861	山东	N	7+9	2+12	a	j	c	f	l	l
37	矮孟牛Ⅰ型	山东	1	7+8	2+12	a	j	c	f	l	i
38	矮孟牛Ⅲ型	山东	1	7+8	2+12	a	j	c	f	l	i

图 1 A-PAGE 中 *Gli-B1* 位点编码的低分子量谷蛋白亚基 1 图谱（来源于 1B/1R 易位系）
Fig. 1 Pattern of LMWgs at *Gli-B1* locus in 1B/1R translocations

2.2 *Glu-3* 基因位点控制的低分子量谷蛋白亚基组成

38 份 1B/1R 易位系中低分子量谷蛋白亚基组成共检测到 10 种图谱（表 1），其中（a，j，c）占 26.3%，（f，j，a）占 21.1%，（a，j，a）占 18.4%，（d，j，a）占 10.5%，（e，j，a）、(e，j，c）和（f，j，c）各占 5.3%，（f，h，a）、（a，b，a）和（e，j，d）各占 2.6%。

Glu-A3 位点基因编码的亚基 a、d、e、f 各占 47.4%、10.5%、13.2%、28.9%；*Glu-B3* 位点基因编码的亚基 b、h 和 j 各占 2.6%、2.6% 和 94.7%，j（无谱带）为 1B/1R 易位而来，*Glu-D3* 位点基因编码的亚基 a、c、d 各占 52.6%、36.8%、2.6%。

可见，1B/1R 易位系中低分子量谷蛋白亚基组成图谱明显减少，换句话说，抗病选择降低了品质基因的遗传多样性；更何况 1B/1R 易位系直接带给 1B 染色体劣质基因不编码任何亚基，是抗病品种品质差的根本原因。

2.3 *Gli-1* 基因位点控制的高分子量醇溶蛋白组成变异特点

38 份 1B/1R 易位系材料中高分子量醇溶蛋白组成共检测到 21 种图谱（表 1、图 1），其中（b，l，a）占 15.8%，（f，l，a）占 7.9%，（m，l，i）、（b，l，g）、(o，l，d) 和（l，l，a）各占 5.3%，其它 14 种图谱各占 2.6%。

Gli-A1 位点基因编码的醇溶蛋白 a、b、f、l、m、o 和 new 各占 2.6%、28.9%、31.6%、7.9%、13.2%、13.2% 和 2.6%；*Gli-D1* 位点基因编码的醇溶蛋白 a、d、f、g、i 和 l 各占 36.8%、10.5%、7.9%、28.9%、13.2% 和 2.6%。

Gli-B1 位点基因编码的高分子量醇溶蛋白 l 图谱具有 5 条以上强带，为什么与劣质相关？

3. 讨论

38 份小麦 1B/1R 易位系资源中共检测到 17 种高分子量谷蛋白亚基图谱，10 种低分子量谷蛋白亚基组成图谱，21 种高分子量醇溶蛋白组成图谱；与一般品种比较[13]，1B/1R 易位系中 *Glu-B1* 位点含有的优质亚基比例明显下降，*Glu-B3* 位点编码的低分子量谷蛋白 l 无一个谱带，是 1B/1R 易位系对小麦品质有负面作用的主要原因。

小麦 1B/1R 易位系 *Gli-B1* 位点基因编码的醇溶蛋白 l 图谱具有 5 条谱带，3 强 2 弱（图 1），是 *Gli-B1* 位点基因编码的醇溶蛋白谱带最多的等位基因，依理对品质应该具有正面作用，而实际上不是如此，谷蛋白种类下降醇溶蛋白种类上升可能导致二者比例不符合优质小麦要求，个中理由有待于进一步实验验证。

总之，小麦 1B/1R 易位系中品质基因多样性降低，*Glu-1*、*Glu-3*、*Gli-1*

编码的高、低分子量谷蛋白亚基种类下降，*Glu-B1* 位点含有的优质亚基比例明显下降，导致抗病劣质。因此对于抗病品种品质改良要着重于改变其遗传组成，尤其是 *Glu-1*、 *Glu-3*、*Gli-1* 位点基因组成，要尽可能打破 *Glu-3*、*Gli-1* 位点基因连锁关系，淘汰 *Glu-3* 位点基因的 j，导入一些优良的品质基因。

参 考 文 献

[1] Lelly J. Wheat breeding[M]. Theory and Practice Academical Kiado,Budapest,1976.

[2] 吴兆苏 . 小麦育种学 [M]. 北京：农业出版社，1990.

[3] 王瑞 , 刘愿英 ,Zeller F J，等 . 一些小麦白粉病抗源抗性基因鉴定分析 [J]. 西北植物学报，2000，20（3）：333-339.

[4] Payne P I, Lawrence G J, Catalogue of alleles for the complex gene loci, Glu-A1, Glu-B1, Glu-D1 which code for high-molecular-weight subunits of glutenin in hexaploid wheat[J]. Cereal Res Commun, 1983(11): 29–35.

[5] Labuschagne M T, van Deventer C S. The effect of *Glu-B*1 high molecular weight glutenin subunits on biscuit-making quality of wheat[J]. Euphytica, 1995(83): 193–197.

[6] Redelli R, Ng P K, Ward RW. Eletrophoretic Characterization of storage proteins of 37 Chinese landraces of wheat[J]. J Genet & Breed, 1997(51): 239–246.

[7] Pan X–L(潘幸来), Smith D B, Jackson E A. Diversity of *Glu-1*, *Glu-3* and *Gli-1* of 16 wheat cultivars bred in Huanghuai wheat Growing Region in China[J]. Acta Genetica Sinica(遗传学报), 25(3): 252–258.

[8] Payne P I, Jackson E A, Holt L M, et al. Genetic linkage between endosperm protein genes on each of the short arms of chromosomes 1A and 1B in wheat[J]. Theor Appl Genet, 1984a(67): 235–243.

[9] Jackson E A, Holt L M, Payne P I. Characterization of high–molecular–weight gliadin and low–molecular-weight glutenin subunits of wheat endosperm by two-dimensional eletrophoresis and the chromosomal location of their controlling genes[J]. Theor Appl Genet, 1983(66): 29–37.

[10] Shepherd K W. Low–molecular–weight glutenin subunits in wheat: their variation, inheritance and relation with bread-making quality[C]// Proc 7th Int Genet Symp, Cambridge, England, 1988: 943–949.

[11] Gupta R B, Shepherd K W. Two step one–dimensional SDS–PAGE analysis of LAW subunits

glutelin[J]. Theor Appl Genet, 1990(80): 65–74.

[12] 王瑞，张改生，Zeller F J，等 . 小麦低分子量谷蛋白（Glu-3）亚基及高分子量醇溶蛋白（Gli-1）的分离图谱辨读方法 [J]. 西北农业学报，2006，15（1）：144-147，151.

[13] 王瑞，张改生，Zeller F J，等 . 小麦资源胚乳蛋白 Glu-1、Glu-3、Gli-1 基因位点变异 [J]. 作物学报，2006，32（4）：625-629.

原载于《西北农业学报》2007,16（1）

一些小麦白粉病抗源抗性基因鉴定分析

王瑞[1]　刘愿英[2]　Zeller F J[3]　Hsam S L K[3]

（1 西北农林科技大学小麦研究中心，陕西杨陵 712100;
2 杨凌职业技术学院，陕西杨陵 712100; 3 德国慕尼黑技术大学，慕尼黑，德国）

摘要： 研究鉴定了我国 37 份小麦白粉病抗源的抗性基因，19 份材料不具有任何抗性基因；6 份材料具有来自 1BL/1RS 易位系的抗性基因 *Pm8*；5 份材料具有抗性基因 *Pm5a*；3 份分别具有对目前欧洲所有生理小种均抗的抗性基因 *Pm21 Pm16* 和 *Pm 12*；4 份材料具有新的抗性基因。

关键词： 小麦白粉病；抗性基因；鉴定

The Identification of Powdery Mildew Resistance Genes in Some Common Wheat of China

Wang Rui[1]　Liu Yuanying[2]　Zeller F J[3]　Hsam S L K[3]

(1 Wheat Research Centre, Northwest Sci-Tech University of Agriculture and Forestry, Yangling, Shaanxi 712100, China; 2 Yangling Vocation Technical College, Yangling, Shaanxi 712100, China; 3 Technical University of Munich, Germany)

Abstract: This paper was the identification results of powdery mildew(*Ergsiphe greminis* f. sp.*tritici*) resistance genes in some common wheat(37 accessions) of China. There are 19 accessions which has no resistance genes, 6 accessions which has Pm 8 gene from 1BL/1RS translocation lines; 5 accessions which has Pm 5a gene, 3 accessions which has possibly Pm 21, Pm 16, Pm 12 genes respectively resistant to all physiological races of powdery mildew in Europe, 4 accessions which has new resistance genes.

Key words: Powdery mildew in wheat; Resistance genes; Identification

白粉病（*Ergsiphe greminis* f. sp. *tritici*）是全世界范围内小麦生产的主要病害之一[1]。我国随着高产品种的推广和灌溉，施肥等生产条件的改善，白粉病危害的范围和程度也在逐渐加重。白粉病抗源的鉴定、研究及导入已成为抗病育种、防御病害、提高产量的基础[2]。

目前国际上鉴定并已命名的白粉病抗性基因 *Pm1* 至 *Pm24*[4,9]。其中 18 个为普通小麦基因组已有的基因（包括一些等位基因），4 个 (*Pm7 Pm8 Pm17 Pm20*) 来源于黑麦，1 个 (*Pm 21*) 来源于簇毛麦，还有一些如 *Pm4*、*Pm6*、*Pm12*、*Pm13*、*Pm16*、*Pm19* 来源于小麦近缘属如野生二粒小麦、硬粒小麦、提莫菲维小麦及长穗山羊草等（表 1），随着白粉病研究的深入，更多的抗原还在进一步导入和探寻之中。

我国小麦中已发现的白粉病抗性基因有 *Pm2*、*Pm3d*、*Pm4a*、*Pm4b*、*Pm5*、*Pm6*、*Pm8*、*Pm21*、*Pm23*、*Pm24*。其中 *Pm2*、*Pm5* 和 *Pm8* 较为常见[7-9]。为了弄清近年来小麦育种中田间抗性较好的一批抗原抗性基因组成，本研究筛选了部分材料，对其抗性表现进行实验室分小种鉴定，并判别其基因组成，以鉴别、发现和利用新抗原，使育种中抗原多样化，以期促使品种抗病性的持久和稳定，从而提高小麦产量。

1. 材料与方法

1.1 材料

选近年来小麦育种中经田间鉴定对白粉病有一定抗性的材料及一些品质优异的材料 37 份（表 2）。

1.2 白粉病抗性鉴定方法

按照 Aslam 和 Schwarzbach[3] 提出的对小麦幼苗叶片离体培养方法，9 d 龄的离体小麦叶片接上白粉病菌分离小种，于含有 50 mg /L Beinzimidazol 琼脂糖胶 (50 g/L) 上保湿隔离培养 9 d，白粉病抗性水平及图谱按照 Lutz 等 [4] 提出的标准判读，并设 Canceller(德国一感性品种) 及 *Pm1* ～ *Pm8* 等对照品种。白粉病菌分离小种来源于欧洲，采集混合小种分单个孢子培养而来。整个实验在德国慕尼黑技术大学抗病实验室完成。

2. 结果与讨论

在所鉴定的 37 份资源中，19 份材料不具有任何白粉病抗性基因，即感染所有的生理小种，6 份具有来自 1BL/1RS 易位系的抗性基因 *Pm8*，抗生理小种 2、9、12、71、117 等，它们分别是 Wx 8911–1–3(即阎麦 8911)、西农 186 节燕普 95–1、BT873、陕优 412 和郑农 33；5 份材料具有抗性基因 *Pm 5a*（位于 7B 的长臂上），抗生理小种 10、14、71、100、119 等，它们分别是 88 /2–25–3–3–9–3（即陕 253）、80356–0–10–8–5–2、95 冀 5104、88 /2–25–3–3–10–2 和 9042；3 份材料对欧洲所有白粉病生理小种均表现免疫或近免疫，它们分别是贵农 21、贵农 29 和斯燕 93–1；贵农 21 为贵州农学院利用簇毛麦、硬粒小麦和普通小麦复合杂交选育而来，可能具有来自簇毛麦的 *Pm 21* 抗性基因（位于 6A 长臂上）；贵农 29 为将野生二粒小麦与野燕麦中的白粉病抗性基因导入普通小麦之中，可能具有来自野生二粒小麦的 *Pm16* 抗性基因（位于 4A 上）；斯燕 93–1 为将野燕麦和斯卑尔脱山羊草的抗性基因导入普通小麦之中，可能具有来自斯卑尔脱山羊草的 *Pm12* 抗性基因（位于 6B 的短臂上）。由于这些材料对欧洲所有白粉病生理小种均表现免疫，目前还无法找到一毒性小种加以鉴定，只能通过其它途径探测其来源，如可采用中国春单体对其进行染色体定位，然后用 RFLPS 结合 AFLPS 标记在分子水平上进行基因定位确定其来源，这些研究工作还在继续进行之中；4 份材料具有新的抗性图谱，分别是贵农 26、川雅 85–2、CF17、CH264，其中贵农 26 与 *Pm13* 仅对生理小种 5 反应不同。抗生理小种 6、9、10、12、15、71、100、117 等；川雅 85–2 抗生理小种 9、10、12、15、17、71、100 等，CF17 抗生理小种 9、10、12、71、100 等，CH264 抗生理小种 9、12、100、113 等。

贵农 21、贵农 29、斯燕 93–1，此 3 个材料对目前欧洲所有生理小种均表现免疫，在接病鉴定中，叶片上仅有细微坏死斑，且具有春性、少穗、叶宽披、穗大、中矮秆、中早熟等特点，其性状基础较好，尽管目前还未确证其所具有的抗性基因，但都不失为较好的抗白粉病资源。

贵农 26、川雅 85–2、CF17、CH264 也具有新的抗性基因和较好的农艺性状。*Pm8* 来源于 1BL/1RS 易位系，且与来源于黑麦的抗叶锈基因 *Lr26* 紧密连锁，在具有 *Pm8* 抗白粉病基因的材料中，除节燕普 95–1 品质差外，其它材料 WX 9811–1–3（阎麦 8911）、西农 186、陕优 412、郑农 33 皆具有优良的外观品质，从而反映出并非所有来源于黑麦的抗原都具有较差的品质，有些也可筛选利用。

表 1 已知白粉病抗性基因染色体定位、对 15 个生理小种反应及来源

Table l The known location, reactions of genes resistant to powdery mildew after inculation with 15 Isolates of *Erysiphe graminis* f. sp. *tritici*

抗性基因 *Pm* genes	染色体定位 Chromosome location	生理小种 *Erysiphe graminis tritici* isolates															抗性基因来源 Derivative	参考文献 Reference
		2	5	6	9	10	12	13	14	15	16	17	71	100	117	119		
Pm1	7AL	r	s	r	i,s	r	s	s	s	r	s	s	i	r	r	s	普通小麦（*T.aestivum*）	Sears(1968)
Pm2	5DS	s	r	r	a	r	s	s	s	s	s	s	s	s	r	r	普通小麦（*T.aestivum*）	Mcintosh(1970)
Pm3a	1AS	r	s	r	r	r	s	r	r	s	s	r	s,i	s	r	s,i	行穗山小麦（*Ae.squarrosa*）	Lutz(1995a)
Pm3b	1AS	r	s	a	r	r	r	r	r	s	r	i,s	s,i	r	s	r	普通小麦（*T.aestivum*）	Mcintosh(1968)
Pm3c	1AS	r	s	s	i	r	s	r	i,s	s	s	s	i,s	i,s	s	r	普通小麦（*T.aestivum*）	Meyer(1977a)
Pm3d	1AS	a	s	s	r	a	r	s	r	r	s	r	—	—	—	—	普通小麦（*T.aestivum*）	Briggle(1966)
Pm3e	1AS	a	i,s	i,s	i	r	i,s	r	i,s	s	s	s	—	—	—	—	普通小麦（*T.aestivum*）	Zeller(1993b)
Pm3f	1AS	r	s	s	i	r	s	r	i,s	s	s	s	—	—	—	—	普通小麦（*T.aestivum*）	Zeller(1993b)
Pm4a	2AL	s	r	s	r	i	r	a	s	i	s	i	r	r	s	s	普通小麦（*T.aestivum*）	Theet al(1979)
Pm4b	2AL	s	r	s	r	r	r	a	s	s	s	s	r	r	s	r	*T.carthlicum*	Baier(1973)
Pm5a	7BL	s	s	s	s	r	s	a	r	s	s	s	r,i	r,i	s	r	*T.dicocum*	Law(1966)

续表

抗性基因 *Pm* genes	染色体定位 Chromosome location	生理小种 *Erysiphe graminis tritici* isolates															抗性基因来源 Derivative	参考文献 Reference
		2	5	6	9	10	12	13	14	15	16	17	71	100	117	119		
Pm5b	7BL	r	r	s	r	r	r	r	r	r	s	r	s	a	s	r	普通小麦（*T.aestivum*）	Huang(1997)
Pm6	2BL	s	r,i	r,i	r	r,i	s	r,i	r,i	r,i	i	s	r,i	r,i	s	i,s	提莫菲维小麦	Jφrgensen(1973)
Pm8	1BL/1RS	r	s	s	r	s	r	s	s	s	s	r	r	s,i	r	s	黑麦（*S.cereale*）	Zeller(1973)
Pm12	6BS-BSS/BSL	r	r	r	r	r	r	r	r	r	r	r	—	—	—	—	斯卑尔脱山羊草（*Ae.spelsoides*）	Jia(1996)
Pm13	3BL 和 3DL/3SS	s	s	i,r	i,r	s	i	i	i	r	s	i	—	—	—	—	长穗山羊草（*Ae.longissima*）	Ceoloni(1989)
Pm16	4A	r	r	r	r	r	r	r	s	r	r	r	r	r	r	r	野生二粒小麦（*T.dicoccoides*）	Reader(1991)
Pm17	1AL/1RS	i	i	i	i	i	i	r	r	i	r	r	—	—	—	—	黑麦（*S.cereale*）	Heun(1990)
Pm18	7AL	r	r	r	r	r	r	r	r	r	r	r	s	r	r	r	普通小麦	Zeller(1993c)
Pm19	7D	s	s	r	i	r	r	i	i	s	i	r	r	r	s	r,i	方穗山羊草（*Ac.squarrosa*）	Lutz(1995a)
Pm21	6AL/6VS	r	r	r	r	r	r	r	s	r	r	r	r	r	r	r	簇毛麦（*D.villosa*）	Chen(1995)
Pm22	2D	r	i	r	r	r	i	i,r	i	r	i,s	i,s	i	r	r	s	普通小麦	Peusha(1996)
Pm23	5A	i	r	s	r	r	r	s	i	i	s	i	r	r	s	r	普通小麦	Yang(1997)
Pm24	6D	r	r	r	r	r	r	r	r	r	r	r	r,i	r	s	s	普通小麦	Huang(1997)

注：r: 抗；s: 感；i: 中等；—：未鉴定。Note:r: Resistant; s: Susceptiple; i:Intermediate; —: Not tested.

表 2 我国 37 份小麦资源白粉病抗性基因的鉴定结果

Table 2 The identification results of powdery mildew resistance genes of 37 wheat accessions in China.

品种 Wheat variaties	生理小种 *Erysiphe graminis tritici* isolates															*Pm* 基因 *Pm* Genes
	2	5	6	9	10	12	13	14	15	16	17	71	100	113	117	
WX8911-1-3	r	i,s	i,s	r	s	r	s	i,s	s	s	r	r	s	i,s	r	*Pm8*
86303-1	s	i,s	s	s	s	s	s	s	s	s	s	—	—	—	—	无 No
86136	s	s	s	s	s	s	s	s	s	s	s	—	—	—	—	无 No
西农 186 Xinong186	r	s	s	r	s	i,s	s	s	s	s	r	r	s	s	ri	*Pm8*
GR8537-3-1-1	s	s	s	s	s	s	s	s	s	s	s	s	s	s	s	无 No
CH270	s	s	s	s	s	s	s	s	s	s	s	—	—	—	—	无 No
贵农 21 Guinong 21	r	r	r	r	r	r	r	r	r	r	r	r	r	r	r	*Pm21*
贵农 26 Guinong 26	s	s	r	r,i	r	r	s,i	s,i	r	s	s	r	r			新基因 U
贵农 29 Guinong 29	r	r	r	r	r	r	r	r	r	r	r	r	r	r	r	*Pm16*
燕普 95-1 Yanpu 95-1	s	s,i	s,i	r	s	r	i	i	R	s	r	r	s	s	r	*Pm8*
斯燕 93-1 Siyan 93-1	s	s	s	s	s	s	s	s	S	s	s	s	s	s	s	*Pm12*
S8661-1-1-1-3	s	s	s	s	s	s	s	s	s	s	s	—	—	—	—	无 No
S8662-1-4-4-5	s	s	s	s	s	s	s	s	s	s	s	—	—	—	—	无 No
S8662-3-1-6-27	s	s	s	s	s	s	s	s	s	s	s	—	—	—	—	无 No
Y8529-0-5-11	s	s	s	s	s	s	s	s	s	s	s	—	—	—	—	无 No
BT873	r	s	s	r	s	r	s	s	s	s	r	r	s	s	r	*Pm8*
川雅 85-2 Chuanya 85-2	s	s	s	r	r	r	s	s	r	s	r,i	r	r	s	s	新基因 U
Y7923	s	s	s	s	s	s	s	s	s	s	s	s	s	s	s	无 No
CF17	s	s	s	r	r	r	s	s	s	s	s	r	r	s	s	新基因 U
CH264	s	s	s	r	s	r	s	s	s	s	s	s	r	r	s	新基因 U
陕 451 Shaan 451	s	s	s	s	s	s	s	s	s	s	s	—	—	—	—	无 No
陕旱 8675 Shaanhan8675	s	s	s	s	s	s	s	s	s	s	s	—	—	—	—	无 No
陕优 225 Shaanyou 225	s	s	s	s	s	s	s	s	s	s	s	—	—	—	—	无 No

续表

品种 Wheat variaties	生理小种 *Erysiphe graminis tritici* isolates															Pm 基因 Pm Genes
	2	5	6	9	10	12	13	14	15	16	17	71	100	113	117	
陕优 412 Shaanyou 412	r	s	s	r	s	r	s	s	s	s	r	r	s	s	r	*Pm8*
绵优 2 号 Manyou 2	s	s	s	s	s	s	s	s	s	s	s	—	—	—	—	无 No
绵优 1 号 Manyou 1	s	s	s	s	s	s	s	s	s	s	s	—	—	—	—	无 No
绵阳 19Manyang19	s	s	s	s	s	s	s	s	s	s	s	—	—	—	—	无 No
88/2-25-3-3-9-3	s	s	s	s	r	s	s	r	s	s	s	r	r	s	s	*Pm5a*
宛 798 Wan798	s	s	s	s	s	s	s	s	s	s	s	—	—	—	—	无 No
80356-0-10-8-5-2	s	s	s	s	r	s	r	r	s	s	s	r	r	s	s	*Pm5a*
95 冀 5104 95ji5104	s	s	s	s	r	s	r	r	s	s	s	r	r	s	s	*Pm5a*
中优 16 Zhongyou 16	s	s	s	s	s	s	s	s	s	s	s	—	—	—	—	无 No
冀 5099 Ji5099	s	s	s	s	s	s	s	s	s	s	s	—	—	—	—	无 No
88/2-25-3-3-10-2	s	s	s	s	r	s	s	r	s	s	s	r	r	s	s	*Pm5a*
小偃 6 号 Xiaoyan 6	s	s	s	s	s	s	s	s	s	s	s	—	—	—	—	无 No
郑农 33 Zhengnong 33	r	s	s	r	s	r	s	s	s	s	r	r	s	s	r	*Pm8*
9042	s	s	s	s	r	s	r	s	s	s	s	r	r	s	s	*Pm5a*

参考文献

[1]Lelly J. Wheat breeding[M].Budapest：Theory and Practice Academical Kiado, 1976.

[2] 吴兆苏. 小麦育种学 [M]. 北京：农业出版社，1990.

[3]Aslam, Schwarzbach. An inoculation technique for quantitative studies of brown rust resistance in barley[J]. Phytopathology, 1980(99): 87-91.

[4]Lu Tz J, Lim Pert E, Barto S P, et al. Identification of powdery mildew resistance genes in common wheat(*Triticum aestivum* L.) I.Czechoslovakian cultivars[J]. Plant Breeding, 1992(108): 33-39.

[5]Hssam S L K, Zeller F J. Evidence of a allelism between genes Pm 8 and Pm 17 and chromosome location of powdery mildew and leaf rust resistance genes in the common wheat cultivar "Amigo"[J]. Plant Breeding, 1997(116): 119-122.

[6] Paderina E V, Hssam S L K, Zeller F J. Identification of powdery mildew resistance genes in common wheat(*Triticum aestivum* L. em. Thell). VII. Cultivars grown in western siberia[J]. Hereditas, 1995(123): 100-103.

[7] Zeller F J, Stephan U, Lu Tz J. Present status of wheat powdery mildew resistance genetics[C]// Proc 8th Int Wheat Genet Sgmp. Beijing, China(in Press).

[8] Xia Xo Co,et al. Identification of powdery–mildew resistance genes in common wheat(*Triticum aestivum* L.). VI. Wheat cultivar grown in China[J]. Plant Breeding,1995(114): 174-175.

原载于《西北植物学报》2000,20（3）

小麦抗倒性的影响因子和产量因子的遗传与相关研究

王瑞[1]　段绍伟[1]　郭勇[1]　孔令让[2]　张永科[1]
（1 西北农林科技大学农学院，陕西杨凌 712100；
2 山东农业大学农学院，山东泰安 271000）

摘　要:【研究目的】通过小麦抗倒性影响因子及其与产量性状的相关分析，为小麦育种和生产上预防倒伏、提高稳产能力提供参考；【方法】以来源于野生二粒小麦远缘杂交组合的 82 个高代系为试材，测定并分析茎壁厚度等农艺性状和产量性状的相关性；【结果】①株高与抗倒性呈负相关关系，成熟期茎壁厚与抗倒性呈正相关关系；②粒宽、穗粒数和单穗重呈极显著正相关(0.413**、0.767**)；③倒伏引起千粒重、单穗重下降，导致减产；④小穗数、小穗粒数及穗粒数等产量因子及抗倒影响因子的杂种分离世代都呈低于低亲值的遗传特点，分离子代产量接近高亲值的单株占 1.5988%，杂交育种中分离世代最低群体需在 120 株左右；【结论】选择茎壁厚、植株高度适中、增加粒宽（饱满大粒）和穗粒数（大穗、多花结实性好），有望筛选出高产抗倒品种。

关键词：小麦；茎壁厚度；抗倒性；产量因子；遗传特点

The Correlation between Impacting Factors of Lodging and Yield in Wheat

Wang Rui[1]　Duan Shaowei[1]　Guo Yong　Kong Lingrang[2]　Zhang Yongke[1]
(1 Academy of agronomy, Northwest University, Yangling, Shaanxi 712100;
2 Shandong University of Agriculture, Tai'an, Shandong 271000)

Abstract:【Objective】To provide basis with improving lodging and yield of wheat, the correlation between Impacting factors of lodging and yield in wheat were analyzed in the paper. 【Method】The lodging and yield of 82 recombinant inbred lines(RILs)from the same combination of T. dicoccoides were investigated in the different test station of Northwest A&F University. 【Result】① The plant height has negative correlation significantly to lodging resistance ,the stem thickness has positive correlation significantly to lodging resistance; ② The grain width, grain number per spike were extremely significantly correlated to grain weight per spike (0.413**,0.767**); ③ Lodging can induce yield decreasing due to decreasing of grain weight and single spike weight; ④ The genetic characters of impacting factors of lodging and yield factors such as spikelets, kernels per spike, grain weight per spike showed close to low parent, the frequency of descendants close to high parent was 1.5988%, the minimum of plants should be kept in 120 in F_2. 【Conclusion】Stem wall thicker, moderate plant height, grain wider, bigger and more full kernel as well as grain number per spike should be selected in hybrid segregation generations for lodging resistance and high yield breeding.

Key words: Wheat; Stem thickness; Lodging resistance; Yield factors; Genetic characters

引 言

随着小麦高产创建工作的开展，小麦产量不断提高，倒伏日益成为小麦年际间产量及品质提升的主要限制性因素[1-3]，小麦倒伏造成减产可达20%～30%，甚或50%以上，显著影响小麦产量和品质提升。

支撑作用是小麦茎秆的主要功能之一，小麦茎秆的株高、茎粗、壁厚、不同节间的长度、化学成分、机械强度、内部力学结构等体现出茎秆的特征特性[1-3]，不同的茎秆特性与产量和抗倒性能密切相关。Kelbert 等[4-6]对株高、节间数、基部节间长度和粗度及侧根数量进行的田间调查和相关性分析表明，株高和第四节间长度和倒伏显著相关 ($P<0.05$，$r=0.05$)，另外矮秆、节间数量多和壁厚较厚是高抗倒品种的特点[7-8]；王建等[9-11]研究认为选育高抗倒伏品种时，茎秆强度是必须要考虑的因素，而影响茎秆强度的四个因子有壁厚与茎粗的比值[12]、后壁组织比率[14-15]、维管束数量和纤维素含量[16]；姚金保等[3,16]

对抗倒指数与茎秆特性的相关分析表明，抗倒指数与基部第二节间粗、基部第一、二节间充实度呈显著或极显著遗传正相关，与基部第一与第二节间长、穗下节间长、株高和重心高度呈极显著遗传负相关[7,12]；闵东红等对株高与产量因子的关系[17,18]研究认为二者有一定的正相关关系，以上研究对抗倒性影响因子与产量组成因子研究较多，但单对二者之间的相关性研究涉猎较少，尤其是对影响抗倒性的主要因子如茎壁厚度与产量的相关性没有涉及。此外，茎壁厚度、株高及产量因子等在杂交分离后代中的遗传特点也少有人涉及。

本文通过对小麦茎秆特性与产量因子的性状相关以及这些因子与产量性状的遗传特点进行调查研究，以期为小麦高产抗倒伏育种和小麦生产中高产创建提供指导。

1. 材料与方法

1.1 供试材料及来源

两个来源于远缘杂交后代的亲本杂交，母本为“偃展1号”，父本为“5114”。在其 $F_1 \sim F_8$ 代选择保持其分离范围和类型的具有不同性状特征的82个稳定系，这些品系类型丰富，涵盖多种类型种质资源。

1.2 试验方法

供试材料分别于2014年和2015年种植于西北农林科技大学三原斗口农作物试验站（关中小麦高肥区）和杨凌西北农林科技大学北校区试验农场（关中小麦中肥区），等行距点播，行距25 cm，行长2 m，2行区，栽培管理同大田规范，同年份两地求平均。

用米尺和游标卡尺测量抽穗期和成熟期的参试材料的茎秆高度、外径、内径、茎壁厚度，统一测量茎秆基部第四节间中部[1]，采用5茎的平均值表示；自然条件下，倒伏记为倒伏1，未倒伏记为0，同时调查单株穗数、小穗数、穗粒数、穗长、千粒重、粒长、粒宽。

1.3 分析方法

调查数据用SPSS 20.0和Excel软件进行分析；除了相关性分析，还对株高、茎秆外径、壁厚、单株穗数、单穗粒数、粒长、粒宽和千粒重等农艺性状的后代分离群体株系进行频率分布分析，旨在研究这些性状的后代遗传特点，为育种中这些性状的选择提供指导。

2. 结果与分析

2.1 抗倒性的影响因子及其与产量之间的相关关系

2.1.1 茎秆高度与直径、壁厚和抗倒性的关系

测试及分析结果表明（表 1），82 个重组自交系的株高分布在 79.4 ～ 135.08 cm 之间，抽穗期茎壁厚分布在 1.05 ～ 2.64 mm 之间，成熟期茎壁厚分布在 0.85 ～ 2.08 mm 之间。随着小麦成熟，茎壁逐渐变薄，强度增大，82 个参试材料中，19 个品系在抽穗期就倒伏，株高 119.5 cm，茎秆外径 7.1 mm，茎壁厚度 1.13 mm；31 个品系，在抽穗期未倒伏株高 116.5 cm，茎秆外径 7.8 mm，茎壁厚度 1.19 mm；一直未倒伏的 32 个品系，株高 95 cm，茎秆外径 8.1 mm，茎壁厚度 1.39 mm。

株高与抗倒性方差分析及多重比较分析表明，站杆品系比倒伏品系的平均株高降低 11 ～ 14 cm，且这种株高差异达极显著水平；株高与抗倒性有显著的相关关系，随着株高增高，抗倒性下降。成熟期倒伏和抽穗期倒伏的株高相差 3 cm 左右，其差异未达到显著性水平。

表 1　3 种倒伏类型的株高、外径、茎壁厚度的相关性

类型	株高均值 /cm	0.05 差异显著性	茎秆外径 /mm	茎壁厚度 /mm	0.05 差异显著性	品系数
站杆	95 .53	a	7.6	1.39	a	32
成熟期倒伏	116.46	b	7.3	1.19	a	31
抽穗期倒伏	119.57	b	7.1	1.13	b	19
总计	109.00					82

抽穗期茎壁厚度和抗倒性没有显著的相关关系，茎秆外径与抗倒性也没有显著性关系。站杆和倒伏的品系类型的平均成熟期茎壁厚度存在着显著性差异：站杆品系成熟期茎壁厚度较倒伏的品系平均厚 0.2 mm，差异达极显著水平；成熟期倒伏较抽穗期倒伏的茎壁厚度大 0.06 mm，未达到显著水平。

2.1.2 产量因子与抗倒性的相关性分析

多重比较的结果与 F 值检验的结果一致，所以 3 种倒伏类型的单株重，两两之间没有显著性差异，显示倒伏类型 0–0（一直没有倒伏）和 0–1（抽穗期未倒伏，成熟期倒伏）、1–1（抽穗期倒伏）的单穗重均有显著性差异，但是 0–1

和 1–1 类型的单穗重没有显著性差异。该分析结果表明，倒伏引起单穗重下降。

表 2　3 种倒伏类型的单穗重均值及标准偏差

倒伏类型	单穗重 g	0.05 差异显著性	单株重 /g	0.05 差异显著性	标准偏差	观测数量
0–0	1.7789	a	24.2824	a	0.37627	38
0–1	1.5579	b	22.5459	a	0.28820	39
1–1	1.3440	b	31.6640	a	0.18420	5
总计	1.6473				0.35066	82

2.1.3 倒伏影响因子大小分析

小麦 82 个品系群体及其亲本的株高、成熟期茎壁厚、单穗重、单株重等 4 个变量与因变量成熟期倒伏性（倒伏计为 1，未倒伏计为 0）进行多元线性逐步回归，得到的最优线性回归方程显示，只有株高和单穗重与抗倒性呈显著相关（见表 3）。该结果与以上三种倒伏类型的农艺性状方差分析结果一致。

表 3　抗倒影响因子对抗倒性影响程度

模型		截距	通径系数	回归系数	t	否定显著性的概率	$t_{0.05,n-m-1}$
1	单株重	−0.709	0.204	0.009	1.912	0.060	1.992
	成熟期茎壁厚		0.063	0.128	0.610	0.544	
	株高		0.418	0.015	4.288	0.000	
	单穗重		−0.381	−0.544	−3.333	0.001	
2	单株重	−0.585	0.192	0.009	1.841	0.069	1.991
	株高		0.417	0.015	4.296	0.000	
	单穗重		−0.353	−0.505	−3.385	0.001	
3	株高	−0.449	0.393	0.014	4.027	0.000	1.990
	单穗重		−0.279	−0.399	−2.858	0.005	

多元线性回归分析表明：对抗倒性影响，株高＞成熟期茎壁厚度＞单穗重＞单穗重。

2.2 产量影响因子与抗倒伏影响因子的相关分析

根据王晖等[17–18]的研究，小麦粒长、粒宽和粒厚这三者分别与粒重呈极显著正相关，但是鲜有关于粒型分别与穗长、穗数、小穗数和穗粒数之间是否存在相关性的研究。本文认为，粒型与产量构成因子都是与“库”的大小有关的农艺性状，它们之间或许存在相互抑制或促进的关系。

抗倒性影响因子与产量构成因子间的相关分析旨在进一步揭示倒伏是如何

影响产量的。成熟期茎壁厚、单穗重、株高、粒长、粒宽、穗数、小穗数、穗粒数和穗长这 9 个性状两两之间的偏相关性见表 4。

表 4　9 个农艺性状两两偏相关系数表

	株高	成熟期茎壁厚	单穗重	粒宽	穗长	粒长	小穗数	单株穗数	穗粒数
株高									
成熟期茎壁厚	0.146								
单穗重	0.171	0.275							
粒宽	–0.156	0.074	0.413**						
穗长	–0.008	0.118	0.019	–0.115					
粒长	0.12	0.045	0.242	0.181	0.335				
小穗数	0.156	–0.039	–0.091	0.079	–0.177	–0.260			
穗数	0.028	–0.162	0.002	0.005	–0.145	–0.024	–0.193		
穗粒数	–0.382**	–0.083	0.767**	–0.335	0.066	–0.154	0.508**	0.126	

注：标记 * 说明在 α=0.05 水平上相关显著，标记 ** 说明在 α=0.01 水平上相关显著

表 3、表 4 表明，单穗重和粒宽 (0.413**)、穗粒数 (0.767**) 呈极显著正相关，其中穗粒数与单穗重的相关性高达 0.767，可见单穗重 76.7% 取决于穗粒数，可以说穗粒数大预示着单穗重高。与穗粒数极显著相关的性状有单穗重 (0.767**)> 小穗数 (0.508**)> 株高 (0.382**)。

粒宽与单穗重存在较高的正相关关系 (0.413**)，而与穗粒数 (|–0.355|) 及穗长 (|–0.151|) 均呈不同程度的负相关（均不显著）。

粒长与穗长和单穗重存在较显著的正相关关系 (与穗长相关系数 0.335，与单穗重的相关系数 0.242)，与小穗数、穗粒数存在一定的负相关关系（与小穗数相关系数 –0.26> 与穗粒数相关系数 –0.154)，但 4 个相关均不显著。

粒长与小穗数、穗粒数呈负相关，与穗长、单穗重呈正相关，所以在一定范围内，穗长的增加有助于粒长和粒宽的协同增加和单穗重的提高，使得粒长、小穗数和穗粒数协调发展，育种选择中大穗的重要性由此可见。

2.3 抗倒性影响因子、籽粒性状和产量组成因子的遗传特点

来源于 82 个重组自交系及其亲本的株高、成熟期茎壁厚、单穗重、粒宽、粒长和单株穗数、穗粒数和千粒重等数据的分布频率见表 5。上文的数据分析，

抗倒性影响因子包括株高、成熟期茎壁厚和单穗重与亩产量显著相关的是单穗重和株高；粒宽、穗粒数分别和单穗重呈极显著正相关，穗粒数与株高呈极显著负相关。由此可见，抗倒性影响因子、粒型和产量构成因子间是相互联系的，所以本节对82个重组自交系及其亲本的株高、成熟期茎壁厚、单穗重、粒宽、粒长、单株穗数、穗粒数和千粒重等数据的分布频率进行了总结，经SPSS软件计算，株高分布符合X~(5.9, 2.827)，成熟期茎壁厚分布符合X~(5.98, 2.484)，单穗重分布符合X~(5.63, 2.146)，粒宽的分布符合X~(8.15, 2.549)，穗粒数的分布符合X~(5.8, 2.353)，产量分布符合X~(4.73，2.445)，粒长分布符合X~(7.77, 3.06)，千粒重分布符合X~(8.88, 2.327)，单株穗数分布符合X~(4.35, 2.247)。

表5 抗倒性影响因子、粒型和产量构成因子的遗传特点

	单穗重 g	株高 cm	成熟期茎壁 mm	粒长 cm	粒宽 cm	单株穗数	千粒重 g	穗粒数	产量 kg/hm^2
母本	2.91	90.88	1.74	0.72	0.36	14.6	49.73	58.6	5957.0
父本	1.84	94.88	1.06	0.63	0.34	26.6	35.28	52.2	6858.5
分离后代均值	1.46	102	1.35	0.73	0.35	15	45.4	37.1	3487.5
遗传性状分布	偏低亲值	偏高亲值	中偏低亲值	偏高亲值	中偏低亲值	偏低亲值	中偏高亲值	低于低亲值	低于低亲值

2.3.1 抗倒性及其影响因子的遗传特点

株高的遗传特点是（亲本株高为90.88 cm和94.88 cm，82个高代系分离子代总体均值估计为102 cm）呈超高亲值，82个高代系株高低于低亲值的分离类型仅有株高不超过80 cm的单株占0.9247%，理论上杂交育种中一个单交组合F_2及其分离世代群体最小种植规模为109株，才会出现1株与低亲株高相似的类型。

成熟期茎壁厚的遗传特点是（亲本成熟期茎壁厚为1.74 mm和1.06 mm，分离子代总体均值估计为1.35 mm）中偏低亲值，82个高代系分离子代壁厚在1.8 mm以上的单株占3.0673%，最小种植规模为33株才会出现1株优于高亲亲本茎壁厚的类型。

单穗重的遗传特点如下：两个亲本的单穗重分别为2.91 g和1.84 g，由表3～5，82个高代系的单穗重的分离子代总体均值估计为1.46 g，所以单穗重的遗传特点是偏低亲值，82个高代系分离子代单穗重在1.94 g以上的单株占7.6015%，最小种植规模为14株。

2.3.2 籽粒性状的遗传特点

粒长的遗传特点（亲本粒长为 0.72 cm 和 0.63 cm，分离子代总体均值估计为 0.73 cm）是偏高亲值。

粒宽的遗传特点（亲本粒宽为 0.36 cm 和 0.34 cm，分离子代总体均值估计为 0.35 cm）是中偏低亲值；分离子代粒宽在 0.37 g 以上的单株占 10.2323% 最小种植规模为 10 株；亲本穗粒数分别为 58.6 个和 52.2 个，分离子代穗粒数在 52.9 个以上的单株占 0.9016%，最小种植规模为 112 株；亲本产量分别为 5957.0 kg/ hm^2 和 6858.5 kg/hm^2，分离子代产量在 6300 kg/ hm^2 以上的单株占 1.5988%，最小种植规模为 63 株。

2.3.3 产量及其构成因子的遗传特点

产量构成因素的遗传特点如下：单株穗数的遗传特点（亲本单株穗数为 14.6 个和 26.6 个，分离子代总体均值估计为 15 个）是偏低亲值；千粒重的遗传特点（亲本千粒重为 49.73 g 和 35.28 g，分离子代总体均值估计为 45.4 g）是中偏高亲值；穗粒数的遗传特点（亲本穗粒数为 58.6 个和 52.2 个，分离子代总体均值估计为 37.1 个）是低于低亲值。

产量的遗传特点（亲本产量 5957.0 kg/ hm^2 和 6858.5 kg/ hm^2，分离子代总体均值 3487.55 kg/ hm^2，是低于低亲值。

综上所述，在育种中，株高和穗粒数的遗传特点使育种家不易选择出株高低亲值的单株和穗粒数高亲值的单株。

3. 结论与讨论

3.1 株高与成熟期茎壁厚与抗倒性密切相关

株高上升，植株重心上移，稳定性下降，增大了倒伏风险；随着株高增高，抗倒性下降。成熟期的壁厚相较于抽穗期的壁厚更能体现出茎秆的机械强度。因此小麦抽穗期茎壁厚度与抗倒性没有显著的相关关系；随着生长发育，茎壁变薄，成熟期的小麦茎秆厚度与抗倒性存在一定的正相关关系，茎壁薄的类型抗倒性差。

3.2 倒伏引起粒宽和千粒重显著下降从而导致单穗重降低以致减产

小麦株高与倒伏具有显著的相关性已在许多研究中得到证实[8]，矮秆育种也是中国乃至全世界的普遍共识[9]。于雪等[21]和蒋雪峰等[22]研究发现小麦单穗重的增加通过降低抗倒伏临界力、增加穗迎风面积来影响倒伏性状[10]。

株高与抗倒性的关系方差分析以及株高、单穗重与倒伏的回归分析这两个方面共同验证了株高、单穗重与倒伏有较强的相关性 (P<0.05)。

本文对株高与倒伏的关系的分析结果与普遍共识一致，即株高在 79 ～ 140 cm 范围内，株高越高，越容易倒伏。但是，与于雪等[22]和蒋雪峰等[21]对单穗重与倒伏关系的研究结果不同，本文的数据分析结果显示，没有倒伏、抽穗期倒伏和成熟期倒伏的株系的单穗重均值分别为 1.78 g、1.56 g、1.34 g，三者呈显著性差异；又因为 1.78>1.56>1.34，且单穗重与倒伏的显著相关系数为负值，所以在所调查单穗重范围内 (0.97~2.76 g)，单穗重越大，小麦越不易倒伏。

3.3 单穗重和产量显著相关，株高、壁厚与产量相关不显著

通过 SPSS 20.0，把株高分别与 3 个抗倒性影响因子（株高、成熟期茎壁厚、单穗重）、粒长和粒宽做简单相关分析和偏相关分析，两种分析的结果均显示这 5 个性状中，只有单穗重和产量极显著线性相关 (P<0.01)，通过方差分析和回归分析，认为单穗重同时也是影响倒伏的因子之一，所以单穗重是连接抗倒育种和高产育种间的桥梁。然而其余两个本文推测的抗倒性影响因子，株高和壁厚经 SPSS 相关分析显示，与产量的相关均不显著。

3.4 穗粒数的遗传低于低亲值是高产子代少的原因

产量的构成因子包括单株穗数、粒重和穗粒数。单株穗数的遗传特点偏低亲值，千粒重的遗传特点偏高亲值，但是分离子代总体的产量却远低于低亲值，原因就是穗粒数的遗传特点远低于低亲值。

3.5 通过增加粒宽和穗粒数选育抗倒高产品系

穗粒数和株高呈极显著负相关 (–0.382，P<0.01)，和单穗重呈极显著正相关 (0.767，P<0.01)，粒宽和单穗重呈极显著正相关 (0.413，P<0.01)；由 4.2 和 4.3，在一定范围内，株高对抗倒伏为负影响，单穗重对抗倒伏为正影响，并且单穗重与产量极显著正相关（P<0.01），所以通过选择穗粒数较多、粒宽较宽的单株可以间接选出抗倒高产的品系。

然而在育种中，粒宽的大小很难用肉眼分辨（本研究所调查的粒宽数据分

布在 0.30 ～ 0.38 cm 之间），而穗粒数的多少更为直观和易于分辨，再加上一定范围内（24.2 ～ 58.6 个），穗粒数越多，株高呈降低趋势，单穗重呈增加趋势，所以选择穗粒数较多的株系更具有实践意义。

通过增加粒宽（饱满大粒）、穗粒数（大穗、多花结实性好）和茎壁厚度可望选育高产抗倒的品种。

3.6 通过拟合的正态分布确定分离子代最小种植规模

穗粒数的遗传低于低亲值，在分离子代中，穗粒数偏低亲值的株系的存在概率都很低 (≤ 0.9016%)，但是土地资源和人力资源又是有限的，所以根据所筛选性状的数据拟合的正态分布方程，计算出分离子代最小种植规模是很有必要的。

根据来自同一组合的 82 个稳定系的九个农艺性状的分布拟合出的正态分布曲线，做出以下推测：株高分别为 91 cm（偃展 1 号）和 95 cm (5114) 的亲本杂交，分离子代中，株高不超过 80 cm 的单株占 0.9247%，最小种植规模为 109 株；亲本成熟期茎壁厚分别为 1.74 mm 和 1.06 mm，分离子代壁厚在 1.8 mm 以上的单株占 3.0673%，最小种植规模为 33 株；亲本单穗重分别为 2.91 g 和 1.84 g，分离子代单穗重在 1.94 g 以上的单株占 7.6015%，最小种植规模为 14 株；亲本粒宽分别为 0.36 g 和 0.34 g，分离子代粒宽在 0.37 g 以上的单株占 10.2323%，最小种植规模为 10 株；亲本穗粒数分别为 58.6 个和 52.2 个，分离子代穗粒数在 52.9 个以上的单株占 0.9016%，最小种植规模为 112 株；亲本产量分别为 5957.0 kg/hm^2 和 6858.5 kg/hm^2，分离子代产量在 6300 kg/hm^2 以上的单株占 1.5988%，最小种植规模为 63 株。

综上小麦籽粒性状、产量与抗倒性主要因子遗传特点分析得出，杂交育种中分离世代最低群体规模需在 120 株左右。

参 考 文 献

[1] Kelbert A J, Spaner D, Briggs K G, et al. The association of culm anatomy with lodging susceptibility in modern spring wheat genotypes[J]. Euphytica, 2004,10(5):416-420.

[2] Wang J, Zhu J, Lin Q, et al. Effects of stem structure and cell wall components on bending strength in wheat[J]. Science Bulletin, 2006,51(7):815-823.

[3] 姚金保 , 张平平 , 任丽娟 , 等 . 小麦抗倒指数遗传及其与茎秆特性的相关分析 [J]. 作物学

报 ,2011,37(3):452-458.

[4] Berry P M, Berry S T. Understanding the genetic control of lodging–associated plant characters in winter wheat (Triticum aestivum L.) [J]. Euphytica, 2015,205(3):671-689.

[5] G.O.Tomm, A.D.Didonet, J.L.Sandri, et al. Lodging in Wheat: Relationships with Soil Fertility and Plant Characteristics in Southern Brazil [M]//Wheat in a Global Environment.2001: 647-653.

[6] Vashchenko V F,Serkin N V,Nam V V. Influence of exogenous phytohormone on the productivity and adaptation of winter barley varieties to lodging [J]. Russian Agricultural ences,2014,40(3):175-176.

[7] Berry P.M S J G A. A comparison of root and stem lodging risks among winter wheat cultivars [J]. Agric Sci, 2003:141-191.

[8] Berry P M, Kendall S, Rutterford Z, et al. Historical analysis of the effects of breeding on the height of winter wheat (Triticum aestivum) and consequences for lodging [J]. Euphytica,2015,203(2):375-383.

[9] Valentine J J D J J. Genetic improvement in oats with specific reference to winter–hardiness and lodging resistance of winter oats and improvement of naked oats [J]. HGCA Research Project No 145.Home-Grown Cereals Authority,London,1997.

[10] Easson DL W E P S. The effects of weather, seed rate and cultivar on lodging and yield in winter wheat [J]. Agric Sci, 1993(121):145-156.

[11] Weibel RO P J. Effect of artificial lodging on winter wheat grain yield and quality [J]. AGRON J,1964,56:487-488.

[12] Stapper M F R. Genotype,sowing date and plant spacing influence on high–yielding irrigated wheat in southern New South Wales.II. Growth, yield and nitrogen use [J]. Aust, 1990(41):1021-1041.

[13] Fischer RA S M. Lodging effects on high yielding crops of irrigated semi–dwarf wheat [J]. Field Crops Res,1987(17):245-248.

[14] 邱献锟 , 赵基洪 , 牛宏伟 , 等 . 水稻大粒种质单穗重与穗部性状相关及回归分析 [J]. 现代农业科技 ,2013(18):16–17.

[15] 陈玉花 , 张清山 , 陆博 . 小麦茎秆与单穗重的相关性分析 [J]. 数学的实践与认识 , 2012(05):75–79.

[16] 董琦 , 王爱萍 , 梁素明 . 小麦基部茎节形态结构特征与抗倒性的研究 [J]. 山西农业大学

学报 : 自然科学版 ,2003(03):188–191.

[17] 王晖 , 陈佳慧 , 王文文 , 等 . 小麦籽粒构型与粒重性状的遗传分析 [J]. 山东农业科学 , 2011(11):13–16.

[18] 闵东红,王辉,孟超敏,等.不同株高小麦品种抗倒伏性与其亚性状及产量相关性研究 [J]. 麦类作物学报 ,2001(04):76–79.

[19] 朱新开 , 郭文善 , 李春燕 , 等 . 小麦株高及其构成指数与产量及品质的相关性 [J]. 麦类作物学报 ,2009(06):1034–1038.

[20] Berry P M, Sylvester–Bradley R, Berry S. Ideotype design for lodging–resistant wheat[J]. Eu phytica,2007,154(1–2):165–179.

[21] 蒋雪峰 , 赵健伍 , 杨璐 , 等 . 对小麦发育后期茎秆抗倒性问题的研究 [J]. 数学的实践与认识 , 2012(15):1–11.

[22] 于雪 , 张万琴 , 陆博 , 等 . 小麦茎秆抗倒伏的模型分析 [J]. 河南科技学院学报 : 自然科学版 ,2013(6):33–36.

原载于《中国农学通报》2021,37（6）

三

小麦优质高产多抗研究与太谷核不育育种实践

小麦杂交育种早代群体处理策略的探讨

王怡　王瑞　高翔

（陕西省农业科学院　杨陵 712100）

摘要： 本文从系统论的角度出发，框定了小麦杂种早代群体的概念。针对当前国内育种现状，就早代筛选组合问题提出和探讨了以“多组合，小群体”为中心的综合性处理策略及一些具体技术措施，并通过育种实例，论证了本策略的可行性。

关键词： 小麦　早代群体　策略

众所周知，小麦杂交育种目前仍是全面而有效的育种方法。其程序包括育种目标、亲本选配和后代选择三大基本环节。三大环节之间相互联系、相互制约，构成了整个育种过程矛盾运动的统一体。育种目标是育种工作的定向性纲领，亲本选配是培育品种的物质基础，后代选择是出品种的保证。育种目标的正确性与亲本选配的合理性最终都要通过卓有成效的后代选择来实现。

有关小麦育种早代选择方法的研究，国内外学者做了大量的工作。然而，针对目前国内小麦育种现状，从理论与实践两方面探讨小麦早代群体处理策略的报告仍不太多。本文通过对 1978—1982 年第一手育种资料的分析，特别是以陕农 7859、陕 229 两个品种的选育情况为实例，探讨了以“多组合、小群体”为中心的综合处理策略问题，以求在当前育种条件下提高育种效率。

1. 早代群体及其处理模式

早代群体的概念，系统地讲，是指 $F_1 \sim F_3$ 的种植群体，包括组合容量、每组合的种植群体与入选群体三个方面。

早代群体处理模式是组合多少与种植或入选群体大小间的数学全排列。其类型不外乎以下 4 种：I. 多组合，大群体；II. 多组合，小群体；III. 少组合，大群体；Ⅳ. 少组合，小群体。

上述4种模式可由育种单位根据不同育种条件选择采用，但在一定的育种条件下，其育种效率不尽相同。模式Ⅰ要求育种条件优越，多为经济发达国家或地区采用，国内一般育种单位难以问津。模式Ⅲ要求育种者经验丰富，对育种材料研究深入。模式Ⅳ，从技术角度考虑在现有育种条件和研究手段下，选育品种难度更大。模式Ⅱ具有较多的组合容量，“小群体”在“多入选”的情况下，能使优良基因充分重组与表达，表现出良好的育种效果，在国内目前育种条件下有广阔的利用前景。

2.“多组合，小群体”处理策略

目前国内的小麦育种工作，多是在“胁迫”的育种条件下进行的。“多组合，小群体”就是在这种育种条件下，对早代群体处理的权宜之计。

“多组合，小群体”是指在正确的育种目标指导下，对现有育种亲本资源，“边研究，边利用”，尽量多做新的杂交组合，以便多中选优。

小麦已是高度改良的自花授粉作物，其遗传背景变得越来越复杂，加之社会对品种的要求越来越高以及现实育种条件的限制，即使精心选配亲本，产生优良品种的组合频率仍然很低，一般从几百分之一到千分之一。这就是育种实践应把精力、物力投向大量配制新组合，而不在少数组合上下过多功夫的道理。

目前国内育种单位规模一般都偏小，多受经费、土地、人力等因素的限制，配制大量或较多的新组合，必然通过相对减少每组分种植群体来实现。也就是说，“小群体”是单位面积上容纳“多组合”所导致的必然结果。

本文阐述的小群体主要针对F_2代种植群体而言。其经验规模为300～1 000株。当然，对极少数F_1表现突出的“神童”组合，应尽量扩大F_2种植群体。

F_2小群体能否代表大群体呢？按照生物统计学理论，在一定样本容量下，随机小群体可以代表大群体，即$n \approx N$。从遗传学角度分析，在适当选择压力下，同一组合随机大群体与随机小群体在选择效果上应无本质性差异。在育种实践中，育种家们对早代群体处理的主攻方向首先是筛选组合，其次才是在优良组合中筛选好的单株。尽管F_2代种植相对小群体，其组合间优劣仍然是可比的。对于小麦杂种早代特别是F_2分离最大世代，不论是种植大群体，还是相对小群体，均应注意调整选择压力，应先宽后严，宽严结合，筛选组合从严，

表1　1978—1982年小麦杂种早代群体处理情况

组合配制年份	F$_1$组合数（每组合种40株）			F$_2$群体																
				每组合种植3000株				每组合种植2000株				每组合种植1000株				每组合种植500株				
	种植	入选	入选率（%）	组合数	入选组合	入选株数	单株入选率（%）	组合数	入选组合	入选株数	单株入选率（%）	组合数	入选组合	入选株数	单株入选率（%）	组合数	入选组合	入选株数	单株入选率（%）	育成品种
1978	388	72	18.5%	7	7	211	1%	13	11	232	1.1%	34	23	229	1%	18	8	35	0.87%	陕农7859*
1979	359	156	43%	–	–	–	–	1	1	80	3%	5	4	47	1.2%	150	28	258	1.8%	陕3124
1980	378	44	11.6%	8	6	299	1.7%	12	11	456	2.1%	24	4	176	4.4%	–	–	–	–	81213（陕213）
1981	296	73	24.7%	9	5	345	2.3%	16	3	143	2.4%	18	1	34	3.4%	30	–	–	–	陕229*
1982	275	61	22%	4	4	93	0.78%	17	13	192	0.74%	29	23	250	1.1%	11	11	120	2.35%	5
	1696	406	24%	28	22	948	1.44%	59	39	1083	1.39%	110	55	736	1.15%	209	47	422	1.8%	
育成品种					7859*	3124	229*		213					7853			229			
品种入选率					10.7%				1.7%					0.9%						

* 陕农7859和陕229均是从F$_2$小群体中选出的（见表2）

组合内类型与单株从宽。具体做法上可称为“单向去劣”。支持早代特别是 F_2 代单株选择从宽的理论包括以下几点：首先是群体学上的哈德—魏伯格定律，即随世代的推进．在基因尽量少漂移的情况下基因型频率代代相传；其次，由于 F_2 分离群体内有相当一部分 F_1 基因型，只有相对多入选才能保持较高的分离类型频率；另外，尽管在较大的 F_2 群体中可分离出完全纯合的类型和单株，但它也许并不是育种家所需要和理想的。其余杂合体，随着世代的递增，均有可能分离纯合。从另一方面看，有关产量性状多受微效多基因控制，早代选择往往难以奏效。所以育种家对早代单株不追求“一锤定音”。上述几点从不同方面说明，F_2 分离世代选择压应相对小一些．以单向去劣为主，尽量多选多留，以便以后多中选优，从而提高早代选择效果。

3.F_1 种植小群体成功选育品种的实例及分析

下面我们以本课题组的育种资料（表 1、表 2）为实例，来论证小麦杂种早代处理的灵活性及“多组合，小群体”选择措的可行性。

表 1 中的资料为小麦杂种早代田间选种圃大群体处理情况。表 2 为 F_2 相对小群体处理从中选出陕农 7859 和陕 229 的简单资料。

由表 1 可以看出，5 年从 1696 个组合中共选出品种 5 个，出品种的概率仅为 2.95%，说明大量配制组合是必要的；5 年 F_1 代共种植 1696 个组合，经 F_1 淘汰后总入选 406 个组合，组合入选率为 24%。说明在对亲本材料的遗传背景不十分清楚的情况下，可边研究，边利用。同时 F_1 代可根据杂种表现、亲本分析和经验等大量淘汰劣等组合。对 F_1 选留的组合视其情况，采用分类种植的方法，本身带有预测组合前景的性质，有一定价值。如 5 年共种植一类组合（3000 株 /F_2）28 个，从中选出品种 3 个，出品种率为 10.7%；种植二类组合（2000 株 /F_2）59 个，三类组合 110 个，从中各选出品种 1 个，出品种率分别为 1.7% 和 0.9%。说明组合是可以预测的。

表 2　F_2 代种植小群体成功选育小麦品种的实例

配制组合的年份	育成品种	F_2 群体处理情况		F_3 种植群体
		种植株数 / 入选株数	入选率	株数 / 家系数
1978	陕农 7859	321/117	36.5%	5 580/117
1982	陕 229	200/31	15.5%	600/31

另外，从 1979 年冬季温室加代的 F_2 小群体中成功地选育出了著名的小麦品种陕农 7859，而相同的组合同年在大田选种圃 F_2 种植 3000 株却未选出品种，这说明小麦杂种早代群体处理具有很大灵活性。对于同一组合而言，F_2 种植大群体并不一定就比小群体优越，关键要看入选群体的大小。在多选多留的情况下，早代特别是 F_2 代每组合种植 300～500 株这样的小群体，也可选育出好品种。

4. 结 论

目前国内小麦杂交育种工作正处于“爬坡”阶段。经费短缺，资源不足，亲本材料研究深度不够及仪器等研究手段落后，导致育种周期长。针对这种现状，本文着重从实践方面试图明确在一定育种规模下，首先应尽量多选配新组合。F_1 代实行双向选择，择优去劣；F_2 先种植 300～500 株小群体，筛选组合。组合内相对减少选择压力，多选多留单株，以保存变异类型。F_3 代以后再根据组合情况，灵活扩大群体，最后定组合，选家系。这种系统性早代群体处理策略有利于解决育种面积有限而组合多的问题，尽管我们不能说这种策略适合于分支众多的小麦育种工作，但我们可以肯定，对于以改良新育成品种、推广品种为目标的修缮型育种、回交育种等，此策略可能是较为适用的。（参考文献略）

原载于《麦田作物学报》1993（4）

高产多抗中强筋小麦陕512的选育研究（Ⅰ）

王瑞　田发展　刘生芳　王红
（西北农林科技大学农学院，陕西杨凌 712100）

摘要：陕512小麦是西北农林科技大学农学院以陕麦150太谷核不育系为母本，以陕354为父本，1997年田间杂交，轮回选择结合系谱法育成，2001年出圃，2004年9月提前通过审定。因长势好、产量高、籽粒大、外观商品性好、中强筋、适口性优、抗病、抗干热风、抗穗发芽，被多家种子公司列为统供品种，迅速推广开来。该品种选育推广之快说明轮回选择是提高产量因子之间及产量、品质、抗性之间在更高水平上和谐的有效途径。

关键词：小麦；陕512；选育；表现；应用

Breeding Method of New Variety Shaan 512 with High-yield, Multi-anti, Medium-strong Gluten

Wang Rui　Tian Fazhan　Liu Shengfang　Wang Hong
(College of Agronomy, Northwest Sci–Tech University of Agriculture and Forestry, Yangling Shaanxi 712100)

Abstract: New variety Shaan 512, released by College of Agronomy, Northwest Sci–Tech University of Agriculture and Forestry in 2001 from the cross of Shaanmai 150 Ms2 (♀) and Shaan 354 (♂) in 1997 field and through breeding method of recurrent selection and pedigree, examined and approved by crop approve committee Of Shaanxi Province in Sept. 2004, Since its well growing, high yield, large kernel, high appearing commodity, medium–strong gluten, palatable property, high pathological resistance, high tolerance to hot drought and spike–spout, was chosen as unified provision variety to farmers by many seed companies, spread widely and rapidly, It shows recurrent selection is useful method to solve coordination among yield components and yield, quality, resistances on higher level.

Key words: Wheat cultivar, Shaan 512, Breeding, Property, Application

持续提高小麦高产、稳产性，改良品质，是中国解决“三农”问题，确保粮食安全供给的重要方面。关中麦区是陕西省生产优质小麦的高产区，土层深厚，保水保肥。在灌溉条件基本满足情况下，小麦生产环境中影响产量和品质的关键因素[1]，一是生物逆境病虫害，主要是条锈病、白粉病、赤霉病和蚜虫。二是气候逆境，主要是冬春低温、夏季高温和干旱、连阴雨。近年来，条锈病生理小种突变时间缩短，频率加快，特点是生产上无明显的优势小种；而干热风日趋提早，强度加大，导致小麦灌浆期缩短，或灌浆期遭遇大风大雨引起倒伏，都会造成千粒重下降，产量和品质受挫；蜡熟期遭遇连阴雨，造成籽粒穗发芽，严重影响适口性和加工品质。北方大众消费的多是馒头和面条，因此，关中麦区大面积种植需要的是产量较高、品质较优、多抗（抗病、抗逆）型小麦品种，以提高种植效益和收入[2-5]。陕 512 正是具备高产、优质中强筋、多抗、适应性强、稳产性好的特点。该品种 2001 年出圃，在各级试验中表现突出。2004 年 9 月提前通过陕西省农作物品种审定委员会审定。2005 年 2 月通过品种权保护初审，申请号为 20040617.5，公告在 2005 年第 2 期《农业植物新品种保护公报》上，公告日为 2005 年 3 月 1 日。现已在河南、陕西关中、江苏盱眙等地迅速推广开来。

1. 材料与方法

利用太谷核不育（MS2）材料创建的优质轮选集团为背景转育的优质面包小麦陕麦 150 太谷核不育系二代（A2）为母本，以高产、稳产、抗病、抗逆、适应性广的陕 354 为父本，1997 年春季田间杂交，采用系谱法选育，于 2001 年稳定出圃。在选育的同时提前进行产量及抗病性鉴定，在参加各级试验的同时进行栽培特征研究及品质测定。2002 年参加陕西省预试，2003 年参加陕西省区试，2004 年同时参加陕西省区试、生产试验，在各级试验中表现突出，2004 年 9 月提前通过陕西省农作物品种审定委员会审定。

2. 结果与分析

2.1 育种目标与选育方法

2.1.1 育种目标

针对关中及黄淮麦区生态特点及北方大众消费习性，培育适合该区大面积种植的高产、优质、多抗、广适小麦新品种，产量高于目前生产上种植的品种，抗性和品质优于目前生产上种植的品种，适于加工馒头、面条。

2.1.2 选育经过

太谷核不育材料（MS2）是在中国首次发现的显性半不育小麦，其特点是易接受外来花粉，适合天然授粉，为大量杂交提供了方便，也为轮回选择提供了便利[6-7]。精心筛选了一批国内外优质资源（Pavon、PH82-2、陕麦 150 等），与 MS2 株混合授粉。F_1 田间选择农艺性状全面的 MS2 不育株与陕麦 150 回交，在回交群体（BC1）中选择 3 株农艺性状良好的 MS2 不育株与陕 354 杂交。杂种一代复交 F_1 混收可育株，种植 F_2，于 F_2 开始按系谱法选择。

在轮选结合系谱法选育过程中，F_1（9840）代 17 株不育，25 株可育，可育株表现单株成穗多，穗大、匀，叶片干净，赤霉较轻，籽粒大，饱满，品质优，分离小，被列为重点组合；F_2 代大部分单株表现落黄和综合抗病性好，但籽粒大小、品质分离大，田间入选近百株，室内考种仅入选 10 株粒大、质优类型；F_3 代 9840-1（行号 512）表现苗期叶挺，宽短，穗大，穗多，抗病，中熟，落黄好，入选的 4 株籽粒大、饱满，品质优；F_4 代 4 个系均表现植株灰绿色，穗大，穗匀，株型较松散，落黄好，其中 512-3 因分蘖成穗多、籽粒大、品质优、产量高入选。于 F_5 代综合性状好稳定，出圃参加各级试验。

2.2 综合性状

表现分析该品种主要特点是：大粒、高产、优质、多抗、适应性广。

2.2.1 农艺性状

幼苗半匍匐，叶宽色绿；株高 85 cm 左右，茎杆弹性较好，抽穗后叶半披，株形较散，茎秆中粗，旗叶短挺；穗色黄绿，穗子长方型，长芒白壳，小穗排列匀称，护颖白色，椭圆形，嘴尖肩平，脊明显；穗长 10 ～ 12 cm，小穗排列中密，小穗数 20 ～ 24 个，中部小穗结实 3 ～ 4 粒，穗粒数 34 ～ 40 粒，籽粒椭圆形，腹沟浅。

半冬性，耐寒性较好，较抗倒伏。分蘖力较强，成穗率高，结实性好，颖壳口紧，抗穗发芽。中熟，叶片功能期长，极抗干热风，熟相黄亮，穗大，穗多，穗匀。

2.2.2 抗性

慢锈，对2002年度流行的毒性极强的水源11等条锈优势小种群表现出中度到高度抗性。在田间接种条锈病严重发生下，表现慢锈性强，叶片基本青绿。对2003年度出现的条锈多变小种田间表现中感、高感，但因慢锈性好，籽粒饱满度和产量受影响甚小。2004年度田间表现耐锈性强，中抗白粉病，白粉病菌仅在倒三叶以下零星发生，轻感赤霉病和叶枯病；不招蚜虫，由于植株灰绿色，穗色介于灰绿和黄绿之间，植株表面分布着一定的蜡粉，该品种蚜虫发生危害较轻，因此，田间综合抗病虫性强。

在抗逆性上，其突出表现一是抗干热风，表现叶片功能期长，灌浆流畅，落黄好，熟相黄亮，虽然粒大，但籽粒饱满，色泽透亮，种子外观商品性优异；二是抗穗发芽，表现降落值高，小穗中密排列，穗上不易存水，颖壳口紧，连阴雨对种子的发芽力和面粉质量影响较小。

2.2.3 品质

白粒，角质，千粒重50～54 g，容重792～822 g/L，角质率96%～99%，籽粒粗蛋白（干基）12.9%～13.0%，降落值307 S，沉淀值43.5～48.5 mL，湿面筋30.2%（14%湿基）。吸水率58.8%～59.8%，稳定时间4.0～4.3 min，拉伸面积92～103 cm^2，最大抗延伸阻力308—402 EU，其高分子量谷蛋白亚基组成为（1，14+15，5+10）。

该品种面团耐揉、光滑，不易粘灶具，韧性和延伸性较好，耐煮，面汤清爽，为适做面条、馒头的中强筋型优质小麦。

2.2.4 产量水平

陕512产量在6750～9000 kg/hm^2，2003—2004年度陕西省区域试验两年14点次，平均产量6619.5 kg/hm^2，比对照小偃22平均增产1.96%，增减范围–6.9%～9.43%，是2003年度陕西省区试所有品种中唯一比对照小偃22增产的品种。2004年度陕西省生产试验6点次，平均产量6834.5 kg/hm^2，比对照小偃22（平均产量7047 kg/hm^2）减产1.6%；若除去因意外倒伏而减产严重的蒲城点，其他5点平均产量6805.5 kg/hm^2，比对照小偃22（平均产量6739.5 kg/hm^2）增产0.98%。该品种在生产上大面积种植，产量的最高纪录为9874.5 kg/hm^2，面积为1.2 hm^2，在陕西乾县、三原、渭南等地，2004年度大面积生产时产量在 9000 kg/ hm^2 以上的田块比比皆是。

陕 512 的产量构成因子为：667 m^2 成穗 40 万，穗粒数 30 ～ 35 粒，千粒重 50 g 以上，产量潜力 9000 kg/hm^2 以上，在同样单位面积穗数和穗粒数条件下，其增产的因素是千粒重，比一般大面积推广品种千粒重增加 10 g (30%) 以上。

表 1 陕 512 品种区域试验产量结果（陕西关中灌区中肥组）

年份	区试点	陕 512（kg/667m^2）	小偃 22（kg/667m^2）	比 ck 增减（%）	位次
2002—2003	大荔伯伺	412	442.7	–6.9	
	户县试验站	481.4	442.8	8.7	
	西北农大	475.4	455.3	4.41	
	乾县姜村	506.7	483.3	4.84	
	省扶风农场	369	338	9.17	
	岐山	416.7	380.8	9.43	
	宝鸡县	495	473.3	4.58	
	平均	450.9	430.9	4.6	1
2003—2004	大荔伯伺	379.5	387.6	–2.09	
	户县试验站	426.0	397.0	7.3	
	西北农大	402.8	425.9	–5.61	
	乾县姜村	492.5	508.3	–3.11	
	省扶风农场	382.0	376.0	1.60	
	岐山	472.5	476.7	–0.88	
	宝鸡县	466.7	471.7	–1.06	
	平均	431.7	434.7	–0.7	6
两年总平均		441.3	432.8	1.96	

表 2 陕 512 生产试验产量结果（陕西关中灌区 2003—2004）

地点	产量（kg/667m^2）		比对照增减（%）	位次
	陕 512	小偃 22		
蒲城	505.0（倒伏）	572.5	–11.79	
大荔	421.7	414.8	1.66	
户县	424.4	395.5	7.31	
富平	395.1	404.1	–2.23	
武功	454.0	547.7	–0.49	
宝鸡	782.5	484.2	–0.35	
汇总结果	462.3	469.8	–1.6	
	453.7	449.3	0.98	

2.3 适宜地区及栽培技术分析

2003—2004 年进行播期、密度试验，结果表明，关中地区播期以 10 月中旬为宜，范围为 10 月 5 日—10 月 20 日。0.8 万公顷为播种适宜密度，播量 90 ～ 150 kg/hm^2，在晚播情况下要增加播量；在施肥上要施足底肥，注意氮、磷、钾配合，氮磷比 1 ∶ 1。要适时冬灌，根据土壤墒情决定是否春灌，追肥宜早而少；该品种虽然慢锈，反应型为高感，中抗白粉和叶枯病，轻感赤霉病，田间综合耐病性好，一般年份无须防治，但在条锈病重发区或流行年份，要注意一喷三防，确保高产、稳产。适宜地区：关中川道、平原灌区及黄淮麦区南片地力水平 6000 kg/hm^2 以上地区。

3. 结论与讨论

陕 512 集高产、优质、多抗于一身，具有产量潜力 9000 kg/hm^2 以上，大粒优质，抗病虫、抗干热风、抗穗发芽等优良特性，比当前大面积种植品种小偃 22 在以下几方面有重大改进：

（1）该品种较对照小偃 22 田间耐锈、慢锈性好，抗白粉病，赤霉病也较小偃 22 发病轻，因此，该品种的综合抗病性显著优于对照小偃 22。

（2）该品种产量因子较对照小偃 22 协调，籽粒大，饱满度好，千粒重、容重、出粉率显著高于小偃 22，因此该品种面粉的产量和质量均优于对照小偃 22。

（3）该品种的抗干热风、抗穗发芽等性能显著优于对照小偃 22。该品种叶片功能期长，源、流、库协调，灌浆流畅，落黄好，熟相佳，小穗排列中密，穗上不易存水，加之口紧，因此抗穗发芽，在综合抗逆性、适应性方面均优于对照小偃 22。

该品种继承了陕 354 高产、抗病、抗逆、稳产性能，在品质上继承了陕麦 150 面团稳定时间长、韧性好的特性，在千粒重上属超亲遗传。陕 354 具有高产、广适、穗大、穗多、穗匀的性状，且这些优异性状遗传传递力强，加之抗病、抗逆性突出，为少有的优异育种资源，但其致命不足是品质差，面粉黄，面筋强度差，面团稳定时间短，不能为种植户和面粉厂家接受。改良陕 354 的品质性状，采用一次性单交和常规复交不能奏效，原因在于优质资源多为植株高、丰产性差的类型，与陕 354 的杂交后代往往植株高、抗倒性和丰产性差，很难选出高产与优质兼顾的类型。为了聚集优良品质基因，兼顾优异农艺性状和产量、抗病抗逆性，采用 Ms2 不育材料聚合杂交轮回选择，有针对地提高优质资源的基础水平，成为品质改良的有效方法。

参考文献

[1] 何中虎，张爱民. 中国小麦育种研究进展 (1995–2000)[M]. 北京：中国科学技术出版社，2002：3–7.

[2] 林作缉 . 食品加工与小麦品质改良 [M]. 北京：中国农业出版社，1994：1–59.

[3] 魏益民，张国权，欧阳韶珲，等. 陕西关中小麦品种品质改良现状研究 [J]. 麦类作物学报，2000，20(1)：3-9.

[4] 张采英，李中智. 新中国成立以来我国冬小麦主要育成品种加工品质的演变及评价 [J]. 中国粮油学报，1994，9(3)：9-13.

[5] 赵虹，王西成，李铁庄，等. 专用优质小麦品种选育、鉴定和审定中存在的问题和建议 [J]. 中国农学通报，2004，20(4)：295-298.

[6] 邓景扬，高忠丽. 小麦显性雄性不育基因的发现和利用 (邓景扬文集)[M]. 北京：中国农业出版社，1998：47-54.

[7] 樊路. 太谷核不育小麦在创造育种材料方面的巨大潜力 [M]. 北京：科学出版社，1995：71-74.

原载于《中国农学通报》2005,21（7）

高产多抗中强筋小麦陕 512 的选育研究（Ⅱ）

王瑞　张永科

（西北农林科技大学农学院，陕西，杨凌，712100）

摘要：小麦陕 512 的选育以太谷核不育小麦种质为遗传背景，采用轮回复交技术在杂交策略上先累加优质基因，再使优质基因与高产多抗基因聚合；在性状选择上首先筛选株型、穗型等高产和多抗性状，再筛选品质性状，实现高产、多抗、优质性状的聚合育成。采用单株与群体、基因与性状、鉴定与示范三结合的选育技术，利用太谷核不育后代纯合稳定快的特点，加速育种进程。育成的陕 512 继承了小偃 6 号的优质，陕 213 的多抗，陕 167 的大穗丰产等特征，具有产量高，穗大粒大，外观商品性好，中强筋适口性优，抗病抗干热风，抗穗发芽等特点，2004 年审定后于 2005 年在陕西关中麦区迅速推广开来；陕 512 从组合配制到省级审定仅用了七年时间。本文从太谷核不育小麦遗传背景、特性，陕 512 亲本特点、杂交策略、选育技术路线、推广模式等方面对陕 512 的选育和推广做了系统的总结探讨，以期为我国当代小麦多目标育种和高效育种提供参考。

关键词：小麦陕 512；基因累加；性状聚合；杂交策略；选育技术

Breeding Method of New variety Shaan 512 with High-yield, Multi-anti, Medium-Strong Gluten（Ⅱ）

Wang Rui　Zhang Yongke

(Agronomic college, Northwest University of Agriculture and Forestry, Yangling, Shaanxi,712100, P.R. China)

Abstract: Using Taigu genic male-sterile wheat as genetic background, mixed pollination of multiple parents as cross strategy, recurrent selection and pedigree selection united as progeny selection method, new cultivar Shaan 512 was bred, examined and approved in just 7 years from combinatorial arrangements to variety certification, which set a precedent in high efficient wheat breeding. The high–quality from Xiaoyan No.6, multiple–resistances from Shaan 213, high–yield and large–spike from Shaan 167 were integrated perfectly in Shaan 512, its big–kernal originates in transgressive inheritance. So shaan512 with the characteristics of high yield, large–spike and big–kernal, excellent Commodity of appearance, strong gluten, fine palatability, multi–resistances to varied diseases, resistance to dry–hot wind and preharvest Sprouting was extended rapidly in large–area in 2004–2005. Its rapid release and extension are worth studying intensively. The characteristics of Taigu genic male–sterile wheat, the characteristics of the parents' composition, breeding strategy, the technical route, the extension model of Shaan 512 were summaried and discussed in this paper.

Key words: New wheat cultivar shaan512；Gene accumulation；Characteristic；Breeding strategy；Selection technical route

小麦生产能力的提升关系到国家粮食安全及战略储备。20世纪末以来，小麦总产上升在种植面积维稳举步维艰的严峻形势下必须依靠单产的持续提高，来缓解粮食消费刚性增长的矛盾。高产多抗优质小麦品种的选育和推广成为小麦单产和总产持续增进的关键技术，也是优化农业结构，促进农民增收，推动农业科学发展的重要措施。

小麦年际间的产出量取决于气候变化程度、地力培肥程度、栽培管理水平和品种的产量潜力。小麦生产能力科学提升的关键因素，一是品种的产量潜力持续增长，二是品种的抗灾能力和适应性不断增强，三是品种的商品性和适口性稳步提高。

20世纪90年代以来，气候干暖化呈明显趋势，带来极端异常气候频发，冷热不协调。冬春干旱，降雨不均衡以及不合时宜的极端低温、高温、干旱、阴雨等天气频现，小麦生育期面临冬春干旱寒冷、春季低温冷害、灌浆期遭遇干热风、倒伏、穗发芽等严重考验；同时气候干暖化改变群体动态和发育进程，直接影响小麦的丰歉、质量和生产成本。再是伴随气候异常，生物逆境病虫害的发展趋势呈现一种乱态，即无主流趋势导致的小麦病虫危害严重发生的不确定性，主要是条锈病、白粉病、赤霉病、叶枯病、蚜虫和吸浆虫。近年来条锈病生理小种突变时间缩短，频率加快，导致生产上无明显的优势小种的现象已持续十多年，但又不得不随时警惕；白粉病赤霉病某些年份大发生也会对生产造成严重影响；蚜虫几乎成了常发虫害，对小麦生产的危害最大；吸浆虫的威胁也不容小觑。小麦品种在多抗性方面的考验最为严峻，小麦大面积生产需要多样化、多种抗原的品种布局以防历史的悲剧重演。

经济发展对品质的需求也愈来愈高，产量提高至少要与品质改良同步，才能满足消费需求。育种目标一是提高产量，二是产量不逊于骨干品种水平，确保品质实现超越，二者皆须兼顾多抗性，以确保抗灾能力和适应性足以应对气候挑战；针对陕西关中及同类麦区普遍存在的冷热旱害、病害、倒伏、穗发芽等突出问题及对面粉品质的消费需求，根据项目组已有的研究基础，选择从大穗大粒兼顾多穗突破高产，多抗性选择增加产量稳定性，导入蛋白质优质亚基提升品质的选育技术方案，培育高产多抗优质小麦新品种。

1. 材料与方法

1.1 材料

筛选当前项目组参加育成的高产多抗品种陕 354 作为父本，为大穗、高产、多抗基因性状的供体亲本，利用 SDS-PAGE 对国内外优质小麦资源进行筛选鉴定，筛选出小偃 6 号、Pavon、陕麦 150 为优质基因的供体亲本。

1.2 方法

1.2.1 杂交方法

为了解决高产、多抗、优质基因难以聚合的技术难题，首先确保能创造出多亲本优异性状基因得到聚合累加的变异群体。杂交方法分步走，先使优质基因累加，再使优质基因与高产多抗基因聚合，通过轮回复交创建优质轮选集团，使优质基因累加，创造一个大多数品质位点具有正效应基因的变异群体，形成优质集团。再用高产多抗亲本做父本轮回复交，使优质基因与高产多抗基因聚合。

为了实现优质基因的累加聚合，1995 年以我国优质骨干亲本小偃 6 号的太谷核不育系为背景，将小偃 6 号与 Pavon 的花粉混合进行授粉，从其后代不育系变异群体中选择农艺性状优良的单株，用陕麦 150 轮交，创建一个品质基因得到连续累加，大多数位点具有正效应的优质杂种群体；1997 年从上述优质变异群体中选择农艺性状和多抗性优良的单株再与陕 354 杂交，创建一个农艺性状与多抗性过硬，同时优质基因密集的变异群体。

1.2.2 选育技术

要能够准确地筛选出高产、多抗、优质、得到聚合的变异类型，也采用分步走的技术路线。与杂交方法相反，选育路线上先在早代（F_1、F_2）田间筛选高产稳产性状即基本的农艺性状和多抗性；再在中代利用现代分子技术筛选具有优异蛋白质遗传组成的变异类型，轮回选择和系统选育相结合的后代筛选鉴定方法，确保实现将高产、多抗、优质集于一体的育种目标。

在早代（F_1、F_2）田间进行高产性状如株型、穗型、分蘖力、冬春性、株高、茎秆特性等农艺性状和多抗性如条锈、白粉、赤霉、叶枯等病害抗性及抗逆性如冬春抗寒耐旱性、茎秆弹性、抗干热风性能、抗穗发芽等性状选择，再在中代利用已建立的分步法 SDS–PAGE 和改良 A–PAGE 方法技术进行蛋白质组成测试，分析评价品质基因遗传组成。

1.2.3 陕 512 规范化种植技术研究方法

在杨凌设置不同肥力、不同播期、不同播量多因子栽培试验，采用裂区设计，主区为肥力，次主区为播期，副区为播量，通过产量及其三因子分析得出平衡施肥、适宜播量、最佳播期等种植技术。

2. 结果与分析

2.1 陕 512 的选育思路

为了实施多目标小麦品种选育，一是要深入研究高产、优质性状的遗传规律及其相关关系，为育种技术创新提供理论依据；二是要完善蛋白质组成检测技术、辨读和评价方法并应用于品质改良中的基因检测；三是要研创太谷核不育进行性状聚合和提高育种成效的方法技术，实现将高产、多抗、优质聚于一体的育种目标。

为了实现在提高小麦品质的同时，不致高产多抗水平下降，用以上研究为依据，在基因聚合上先使优质基因累加，创造一个优质基因密集又同时兼备具有一定农艺性状基础的变异群体，再将优质基因与高产多抗基因聚合；再在性状选育上先筛选与高产稳产密切相关的农艺性状和多抗性，完成之后进行品质性状鉴选。

2.1.1 深刻了解高产、优质性状的遗传规律及其相关关系，为实施多目标育种提供理论支撑

采用穗部性状典型的，涵盖大穗型、多穗型品种的材料及数量遗传统计方法对穗粒数、粒重等决定产量的穗部性状的遗传规律做深入研究；借助 SDS-PAGE 分子技术检测蛋白质组成及其与品质的关系，对品质性状遗传规律做深入研究；通过分子检测分析穗部性状与蛋白质组成之间的相关关系，为高产优质性状聚合提供理论依据。

2.1.2 完善蛋白质组成检测技术、辨读和评价方法，为亲本选配和后代筛选提供理论和技术支撑

完善 SDS-PAGE 和 A-PAGE 方法程序，制订了分步法 SDS-PAGE 和改良 A-PAGE 方法程序，为有效检测、辨读和评价决定品质的小麦蛋白质组成提供技术支撑。

2.1.3 根据太谷核不育小麦性状特点设计杂交方法，将多亲优异性状基因累加聚合于一体

太谷核不育小麦是我国首次发现并应用于小麦育种的宝贵资源。借助于项目组在我省独家承担国家和农业部“六五”“七五”“八五”“九五”攻关任务的研究基础：①利用太谷核不育小麦选育了创下 20 世纪 90 年代高产之最的小麦陕 167，具有冬性、穗大、穗多、穗匀，丰产性突出等特性，20 世纪 90 年代初条锈病突发大流行使其推广受挫，仅在陕西渭南和安徽宿县两地认定推广，但其育成为日后一大批高产品种的选育做好了铺垫。②为了改良陕 167 的综合抗性和品质，利用陕 167 与陕 213 杂交，本项目组 1995 年参加选育的陕 354 在综合抗性上得到了重大改进，但在品质改良上进展不大。③为了改良高产多抗品种的品质，“九五”期间通过太谷核不育材料性状特点创建优质轮选集团，使国内外一批优质资源基因连续累加，创造了一个优质基因密集又同时具有一定农艺性状基础的变异群体。

基于以上研究基础，设计采用轮回复交方法，实施将多亲优异基因累加聚合于一体的杂交思路。

2.1.4 采取基因与性状相结合的选育技术，实施多性状聚合

雄性显性半不育核基因控制的太谷核不育系不育性稳定，杂交 F_1 一半可育，一半不育，不育系柱头外露，花期易接受外来花粉，异交结实率高，其性状背景复杂，遗传基础丰富，遗传异质性很强，在复交一代遗传变异性很强，性状

变异范围很广，每一粒种子相当于一个组合，复交 F_1 单株筛选相当于组合筛选，大大地扩大了选择范围。

根据太谷核不育小麦性状特点，采用分步走的选育技术，与杂交方法相反，先在早代（F_1、F_2）田间筛选丰产性状即基本的农艺性状和抗病性、抗逆性，再在中代充分利用 SDS-PAGE 和 A-PAGE 分子技术筛选具有优质基因的单株类型，轮回选择和系统选育相结合的后代筛选鉴定方法，能够确保实现高产、多抗、优质于一体的育种目标，确保育成品种的高产、多抗水平。

2.1.5 利用太谷核不育系后代稳定快的特点设计选育流程，进行高效育种技术创新

在后代选择上，将单株选择与群体鉴定相结合，田间鉴定性状与分子检测基因相结合，鉴定试验与参试示范相结合，加速育种进程、缩短育种年限，提高育种效率，探索高效育种技术创新方法。

通过太谷核不育轮回复交创造使基因充分累加聚合具有超亲遗传的优良变异群体，利用现代技术分子检测手段和田间常规选择性状相结合提高选择效率，基因鉴定与性状筛选、个体选择与群体鉴定、试验与示范同步进行提高育种效率，选育适合陕西关中及黄淮麦区大面积种植的高产多抗优质小麦新品种。

2.2 技术方案

2.2.1 育种目标定位

针对关中及同类麦区普遍存在的冷热旱害、病害、倒伏、穗发芽等突出问题，项目组根据已有的研究基础，选育适合该区种植的小麦新品种。以大穗大粒兼多穗创高产、以抗病抗逆求稳产、以优化蛋白质组成提品质，满足消费者对面粉品质的需求。

为了实现育种的多目标，项目组：①深入研究了决定产量的穗部性状、决定品质的蛋白质组成的遗传特点及两者之间的相关关系；②探明了提高穗粒数要结实小穗和多花性协调发展，粒重具有超亲遗传，小穗数和蛋白质组成没有显著相关关系等重要规律；③制订出从大穗大粒兼顾多穗突破高产，多抗性选择增加产量稳定性，导入蛋白质优质亚基提升品质的选育技术方案。

2.2.2 亲本选配

在项目组历时 20 年的研究成果和科研积累上，充分利用现代分子技术，进行亲本选择、组合配置、性状筛选。

为了使国内外优质基因得到累加，同时具备一定的性状基础，筛选了三个亲本做母本：

小偃6号：是曾获得过国家科技发明一等奖的，关中麦区80年代主栽的品种，因其品质优良深受群众喜爱，也是我国重要的优质骨干亲本。项目组与CIMMYT、德国慕尼黑技术大学合作研究，首次研究发现小偃6号中具有决定优质的关键基因高分子量谷蛋白亚基（HMWgs）*Glu-B1*位点基因控制的14+15，该基因在国际小麦资源中很罕见。

Pavon：是美国品质优良的小麦种质，是国际优质小麦研究的对照品种及骨干亲本，其中具有决定优质的关键基因高分子量谷蛋白亚基（HMWgs）*Glu-D1*位点基因控制的5+10。

陕麦150：是新育成的面包小麦品种，丰产性优于小偃6号和Pavon。

父本的鉴定筛选：

父本为本项目组参加选育的高产多抗小麦品种陕354。陕354穗大高产，抗病抗逆性优良，但因其品质欠佳未推广开来。陕354的双亲为陕213和陕167。陕213为多抗品种，同时抗条锈（具有来自英国的条锈抗原TJB）、抗白粉、抗赤霉；陕167来源于太谷核不育材料选育的高产小麦，突出优点是产量三因子协调，丰产性突出。陕213与陕167杂交选育而来的陕354继承了陕213综合抗性好和陕167大穗、高产、广适等突出优点，但其品质还不能满足消费需求。

2.2.3 杂交方法确立与选育技术优化

①为了解决高产、多抗、优质基因难以聚合的技术难题，首先要确保能创造出多亲本优异性状基因，得到聚合累加的变异群体。杂交方法分步走，先使优质基因累加，再使优质基因与高产多抗基因聚合，通过轮回复交创建优质轮选集团，使优质基因累加，创造一个大多数位点具有正效应基因的变异群体，形成优质集团，再用高产多抗亲本做母本轮回复交，使优质基因与高产基因聚合。选育技术要能够准确地筛选出优异性状得到聚合的变异类型，也采用分步走的技术路线，与杂交方法相反。选育上先在早代（F_1、F_2）田间筛选高产稳产性状即基本的农艺性状和多抗性，再在中代利用现代分子技术筛选具有优异蛋白质遗传组成的变异类型，用轮回选择和系统选育相结合的后代筛选鉴定方法，确保实现集高产、多抗、优质于一体的育种目标。

②采用创建优质轮选集团使优质基因累加的杂交方法。1995年以我国优质

骨干亲本小偃6号的太谷核不育系为背景，将小偃6号、Pavon的花粉混合进行授粉，从其中不育系变异群体中选择农艺性状优良的单株，用陕麦150杂交，创建一个品质基因得到连续累加，大多数位点具有正效应的优质基因变异群体。1997年从上述优质变异群体中选择农艺性状和多抗性优良的单株再与陕354杂交，创建一个农艺性状与多抗性过硬同时具有优质基因密集的变异群体。

③轮回选择和系统选育相结合的选育技术。性状选择采用分步走的技术，先在早代（F_1、F_2）田间进行高产性状（如株型、穗型、分蘖力、冬春性、株高、茎秆特性等农艺性状）和多抗性（如条锈、白粉、赤霉、叶枯等病害抗性）及抗逆性（如冬春抗寒耐旱性、茎秆弹性、抗干热风性能、抗穗发芽等性状）选择，再在中代利用已建立的分步法SDS–PAGE和改良A–PAGE方法进行蛋白质组成测试，分析评价品质基因遗传组成，实施选育高产、多抗、优质结合于一体的育种目标。

基因鉴定与性状筛选相结合，单株选择与群体鉴定相结合，鉴定试验与示范相结合，在田间选育条件下加速育种进程，缩短育种年限，提高育种效益，实现了将小偃6号等的优质、陕213的多抗、陕167的大穗丰产集于一体的小麦育种目标。

“陕512”组合系谱

累加优质基因
小偃6号和Pavon优质轮选集团太谷核不育株 × 陕麦150

↓

优质基因与高产多抗基因聚合
太谷核不育株优株 × 陕354（陕213 / 陕167）

↓

1998年
太谷核复交F_1代可育株中系统选育农艺性状及多抗性

↓

1999年
复交F_2代继续农艺性状及多抗性选择

↓

2000年
复交F_3代进行蛋白质组成分析，选择14+15亚基类型及品质性状

↓

2001年
复交F_4代性状基本稳定，代号“陕512”参试

2.2.4 陕 512 的选育历程

1997 年：在优质轮选集团后代中田间选择优异株与高产多抗小麦陕 354 进行杂交。

1998 年：复交 F_1（编号 9840）代，其中 17 株不育，25 株可育，可育株表现单株成穗多、穗大、穗匀、叶片干净、赤霉轻、籽粒大、饱满、品质优、分离小，被列为重点组合。

1999 年：复交 F_2 代大部分单株表现落黄好、抗干热风、综合抗病性好，但籽粒大小分离大，田间入选丰产性、综合抗性好的单株近百株，室内考种常规品质测评结合现代蛋白质分离技术 SDS–PAGE、A–PAGE 筛选了具有 14+15 亚基的 10 株粒大、质优类型。

2000 年：复交 F_3 代 9840–1 株系（行号 512）表现苗期叶挺、旗叶短挺、穗大、穗多、穗匀、抗病、抗干热风、落黄好、中熟，利用现代蛋白质分离技术 SDS–PAGE、A–PAGE 筛选了具有 14+15 亚基的 4 株。

2001 年：复交 F_4 四个系均表现植株黄绿色、穗大、穗多、穗匀、抗病、抗干热风、落黄好、株型稍散的特点，其中 512–3 因分蘖成穗多、籽粒大、外观商品性优良、产量高入选，出圃参加各级区试，代号“陕 512”。陕 512 于 2001 年度复交 F_4 稳定后，一边进行群体鉴定试验，一边申请参加省预试，并在选种圃继续筛选提纯。复交 F_5 代已表现稳定纯合，性状基本不再分离，在省预试中表现突出。

2002 年：收获季在群体鉴定和预试中抗逆性、抗病性表现突出，2002 年秋季一边正式参加省区试，一边进行配套栽培技术研究和原原种繁育，在 2002—2003 年度省区试中，产量位居参试品系第一，也是当年参试的唯一增产品系。

2003 年：初步摸清该品系的栽培要点并同步扩大陕 512 原原种繁育，同时进行了品种权保护申请。

2003—2004 年一边继续参加区试，同时提前参加生试，一边扩大示范和原种繁育，在杨凌、三原、扶风、临渭区、宝鸡多地安排了示范基地，为审定推广做了充分准备。2003—2004 年，陕 512 在区试、生试中表现产量与对照小偃 22 相当，抗逆性、抗病性、抗穗发芽和籽粒品质明显优于对照，于 2004 年 9 月提前审定。

在选育的同时同步进行产量及抗病性多点异地鉴定，同步提请参加各级试验的同时进行栽培特征研究，2001 年参加陕西省预试，2002 年加陕西省区试，2003 年参加陕西省区试生产试验，在各级试验中表现突出，于 2004 年 9 月提前通过陕西省农作物品种审定委员会审定，完成从组合配置到试验示范审定仅用七年的历史最短的高效育种技术创新。

2.3 陕 512 的选育成效

育成的陕 512，综合了小偃 6 号等的优质、陕 213 的多抗、陕 167 的大穗丰产，在大粒性状上得到了超亲遗传，从组合配置到省级审定仅用了 7 年时间，达到了制订的育种目标和高效育种技术创新。

2.3.1 陕 512 的特征特性

①高产稳产。陕西省区试连续三年产量名列前茅。在 2001—2002 年度省预试中，7 点次全部增产，平均亩产 467.9 千克，比对照小偃 22（平均亩产 415.2 千克）增产 12.7 %；2002—2003 年度区试中，7 点次平均亩产 450.9 千克，比对照小偃 22 平均增产 4.6%，是本年度参试唯一增产品种； 2003—2004 年度，省中肥组区试 7 点次中，平均亩产 431.7 千克，比对照小偃 22（平均亩产 434.7 千克）减产 0.7 %；省生产试验 6 点，平均亩产 462.3 千克，比对照小偃 22（平均亩产 469.8 千克）减产 1.6 %。在 2001—2013 年各级试验示范及大面积推广中，每亩产量 450 ～ 650 千克。

②抗病抗逆性突出。半冬性，生长稳健，冬春抗寒耐旱；茎秆中粗，株高 85 cm，抗倒性好；叶片功能期长，极抗干热风，耐阴雨，灌浆充分，熟相黄亮；颖壳口紧，抗穗发芽；慢、耐条锈病，中抗白粉病和叶枯病，轻感赤霉病，蚜虫轻，综合抗性好。

③商品性和蛋白质遗传组成优异。大粒，白粒，角质，千粒重 50 ～ 54 g，籽粒饱满，色泽透亮，陕西省粮油产品质量监督检验站 2004 年测定：容重 822 g/L，角质率 99%，籽粒粗蛋白（干基）13.0%，降落值 307 S，沉淀值 48.5 mL，湿面筋 30.2%（14% 湿基），吸水率 58.8%，稳定时间 4.3 min，拉伸面积 92 cm^2，最大抗延伸阻力 308 EU，陕 512 面粉筋度高，中强筋，面条耐煮耐泡，不易断条，适口性好。陕 512 HMW-GS 组成为（1，14+15，5+10）。

④适宜区域和栽培要点。适宜关中及相应麦区推广种植。在关中麦区与对照小偃 22 产量相当，但在综合抗病性、抗逆性和籽粒外观商品性方面优于对照，与优质品种比较，陕 512 的多抗性和产量明显优异；在黄淮麦区，其品质、

抗病抗逆性和产量或某一方面或几方面同时优于该区推广品种。适宜播量每亩6～10千克，适宜播期10月8日至11月20日。栽培上采用“平衡施肥+最佳播期+适量播种+节水灌溉+病虫综防”五大轻简技术，以确保其增产潜力和商品性。

3. 结论与讨论

3.1 陕512的育成丰富了小麦育种理论和技术

陕512的选育研究进一步明确了产量、品质性状的遗传规律及二者的相关关系。

一是进一步探明了产量、品质的遗传规律，探明了穗部性状和决定品质的蛋白质组成之间的相关关系，得出了提高穗粒数要结实小穗和多花性协调发展、粒重具有超亲遗传、小穗数和蛋白质组成没有显著相关关系等重要论断，探索出从大穗大粒兼多穗创高产、以抗病抗逆求稳产、以优化蛋白质组成提品质的培育小麦新品种的技术突破途径。

二是完善了分步法SDS–PAGE和改良A–PAGE进行蛋白质组成检测技术及评价方法、低分子量谷蛋白和醇溶蛋白组成辨读识别方法，将小麦蛋白质组成遗传分析技术应用于鉴定筛选小麦资源和杂种分离世代的品质基因组成和评价，首次研究发现小偃6号中具有和国际优质小麦不同的对品质有重要贡献的优质亚基14+15，将蛋白质组成检测技术、辨读与评价方法和常规品质测定相结合，选育出商品性和遗传组成优良的陕512品种，实现了小偃6号优质亚基14+15向高产多抗品种陕512的定向转移，达到了高产多抗小麦品质改良的目标。

三是研创了高产多抗小麦品质改良的杂交方法及选育技术。

3.2 创新了利用太谷核不育进行性状聚合的育种方法

在杂交方法上，根据太谷核不育小麦性状特点，创建优质轮选集团，首先使国内国际优质基因得到累加，再采用轮回复交使优质基因与高产多抗基因聚合；在选育技术上，轮回选择与系统选育相结合，先在田间选育高产多抗性状，再通过已建立的蛋白质组成检测辨读技术结合常规品质测试筛选优质性状，将高产、多抗、优质聚合于一身。

3.3 解决了育种中高产、多抗、优质难以结合的技术难题

陕 512 选育在研究高产性状、优质性状以及二者相关关系基础上，科学运用发展了小麦蛋白质组成 SDS–PAGE 分离辨读鉴定技术；在陕 167 高产育种基础上，将小麦常规育种与分子技术相结合，实现了大穗大粒、高产多抗品种品质改良的目标。选育使高产与优质，优质与多抗得到结合，大穗大粒与优良的商品性及遗传组成得到结合，优质与多种抗病性、抗逆性得到结合，使高产、多抗、优质聚于一体，达到了小麦种质创新的目标。

3.4 研创了利用太谷核不育提高育种效率的高效育种技术

利用太谷核不育后代稳定快的特点设计选育流程，缩短育种年限，加速育种进程，实施高效育种技术创新。采用基因鉴定与性状筛选相结合，单株选择与群体鉴定相结合，鉴定试验与示范相结合，轮回选择和系统选育相结合的选育技术，性状选择分步走，先在早代（F_1、F_2）田间进行高产性状和多抗性选择，再在中代进行蛋白质组成测试，分析品质基因遗传组成，完成陕 512 从组合配置到省审推广仅用了 7 年的短时间育种技术创新，实现了小麦高效育种技术创新。

3.5 陕 512 的育成，实现了我国小麦的种质创新

使大穗大粒与多穗结合，大粒与优良的商品性和蛋白质遗传组成结合。陕 512 籽粒灌浆充分，粒大饱满，商品性优良，蛋白质 HMWgs 组成优异（1，14+15，5+10）。

使高产多抗结合，中抗白粉病，田间耐条锈和赤霉病，极抗干热风并抗穗发芽，杆粗抗倒。综合抗病抗逆性良好。

使高产与优质结合，达到中强筋品质标准，面粉筋度高，口感好。

陕 512 的育成，为我国小麦增加了新的种质材料，丰富了我国优质小麦品种的基因库，实现了我国小麦育种的种质创新。

3.6 陕 512 的推广技术

该品种率先进行了品种权保护，在推广中采用分区授权，与各地权威种业部门密切合作，分区构建推广体系。采用品种展示和种植技术展示相结合，繁

育与示范推广相结合的新模式，实现了快速推广应用和大面积均衡增产，取得了显著的经济效益和社会效益。

参考文献

[1] 邓景阳．太谷核不育小麦在育种中的应用［M］．北京：科学出版社，1995.

[2] 王瑞，宁锟，王怡，等．普通小麦穗部性状的配合力与遗传模型分析［J］．西北农业学报，1996，5（1）：1-5.

[3] 王瑞，宁锟，王怡，等．普通小麦穗部性状的遗传与相关分析［J］．河南农业大学学报，1997（1）：17-22.

[4] 王瑞，李硕碧，王光瑞，等．普通小麦多小穗与高分子量谷蛋白亚基组成关系分析［J］．西北植物学报，1995，15（4）：265-269.

[5] 王瑞，宁锟，R.J.Peňa，等．一些优质小麦及其杂种后代高分子量谷蛋白亚基组成与面包品质之关系［J］. 西北农业学报，1995，4（4）：25-30.

[6] 王瑞，姜志磊，王红．普通小麦粗蛋白、硬度、沉淀值的杂种优势与遗传力研究［J］．麦类作物学报，2004（5）：14-16.

[7] 王瑞，张改生，Zeller F.J，等．一些小麦 1B/1R 易位系品质基因多样性分析［J］．西北农业学报 2007，16（1）：103-106.

[8] 王瑞，张改生，Zeller F.J，等．49 份小麦种质资源中 *Glu-1*、*Glu-3*、*Gli-1* 位点基因组成分析［J］．河南农业大学报，2008（4）：385-390.

[9] 王瑞，张改生，F.J.ZELLER，等．小麦资源胚乳蛋白 *Glu-1*、*Glu-3*、*Gli-1* 基因位点变异特点［J］．作物学报，2006，32（4）：625-629.

[10] 王瑞，田发展，刘生芳，等．高产多抗中强筋小麦陕 512 选育研究（Ⅰ）［J］．中国农学通报，2005（7）：138-140,251.

[11] 王瑞，张改生，F.J.ZELLER，等．小麦低分子量谷蛋白（*Glu-3*）亚基及高分子量醇溶蛋白（*Gli-1*）分离图谱辨读方法［J］．西北农业学报，2006，15（1）：144-147,151.

原载于《中国农学通报》2014,30（36）